复杂工程管理书系
大纲与指南系列丛书

医院建设工程项目管理指南

Construction Project Management Guide for Hospital Building

中国医院协会　同济大学复杂工程管理研究院　编著

同济大学 出版社
TONGJI UNIVERSITY PRESS

内 容 简 介

本书围绕医院建设全过程项目管理的核心任务、难点和重点，包括综述、通用部分和专项部分三个方面，从业主方出发，就医院建设项目的全过程、全方位管理及目标控制，以及 BIM 应用、EPC、物理空间等项目管理内容提供指引。

本书可供医院建设工程项目管理行业的从业人员使用和参考。

图书在版编目（CIP）数据

医院建设工程项目管理指南/中国医院协会，同济
大学复杂工程管理研究院编著. -- 上海：同济大学出版
社，2019

    ISBN 978-7-5608-8778-4

    Ⅰ.①医… Ⅱ.①中… ②同… Ⅲ.①医院－建筑工
程－工程项目管理－指南 Ⅳ.①TU246.1-62

中国版本图书馆CIP数据核字（2019）第217271号

医院建设工程项目管理指南

中国医院协会　同济大学复杂工程管理研究院　编著

责任编辑　姚烨铭　　　责任校对　徐春莲　　　封面设计　钱如潺

出版发行	同济大学出版社　www.tongjipress.com.cn
	（地址：上海市四平路1239号　邮编：200092　电话：021-65985622）
经　　销	全国各地新华书店
印　　刷	深圳市国际彩印有限公司
开　　本	787mm×960mm　1/16
印　　张	10.25
字　　数	205 000
版　　次	2019年第1版　2019年第1次印刷
书　　号	ISBN 978-7-5608-8778-4
定　　价	70.00元

前　言

本指南按照 GB/T 20001.7—2017 给出的规则起草。

本指南由中国医院协会医院建筑系统研究分会提出。

本指南由中国医院协会归口管理。

本指南主要起草单位：中国医院协会、上海申康医院发展中心、深圳市新建市属医院筹备办公室、北京市医院管理中心、深圳市建筑工务署、上海市卫生基建管理中心、同济大学复杂工程管理研究院。

本指南主要参与起草单位：上海市医院协会建筑与后勤管理专业委员会、江苏省医院协会医院建筑与规划管理专业委员会、浙江省医院协会医院建筑管理专业委员会、广东省医院协会医院建筑管理专业委员会、北京市医院建筑协会。

本指南其他参与起草单位：上海市第一人民医院、上海交通大学附属第六人民医院、复旦大学附属中山医院、复旦大学附属华山医院、上海交通大学医学院附属瑞金医院、上海交通大学医学院附属仁济医院、北京大学第三医院、南方医科大学南方医院、中山医科大学附属中山医院、浙江省人民医院、中国医科大附属盛京医院、上海建工集团、同济大学建筑设计研究院（集团）有限公司、华建集团华东都市建筑设计研究总院、上海建工四建集团有限公司建筑设计研究院、香港澳华医疗产业集团、上海科瑞建设项目管理有限公司、上海市建设工程监理咨询有限公司、上海建科工程咨询有限公司、贵州新基石建筑设计有限责任公司、上海申康卫生基建管理有限公司。

本指南主要起草人：张建忠、李永奎、魏建军、姚亮、樊世民、韩艳红、冯永乾、陈梅、吴锦华、罗蒙、虞涛、李树强、刘学勇、沈崇德、蒋凤昌、张威、邵晓燕。

本指南参与起草人：朱永松、余雷、陈剑秋、姚激、王斐、赵国林、罗才虔、龚花强、何清华、邱宏宇、靳建平、程明、王振荣、顾向东、赵海鹏、周晓、王岚、吴璐璐、马进、金广予、张之薇、金仁杰、徐诚、赵文凯、姚蓁、李俊、董军、项海青、宋文超、孙清扬、薄卫彪、王宁、符翔、刘颖、戚鑫、徐国希、董杰、徐兆颖、张艳、李雪、叶勇、周星、朱晖、臧红兵、刘志力、张宏军、陈炜力、张智力、姚启远。

本指南审查人：盛昭瀚、诸葛立荣、王铁林、张庆林、乐云、刘伊生、方来英、李林康、陈睦、齐贵新、刘丽华、朱亚东、张树军、杨燕军、蔡国强、陈国亮、曹海、张群仁、孙福礼、陈嘉宇、米旭明、王慧。

编者

2019 年 10 月

总　论

医院的基本建设是一类典型的复杂系统工程，体现在五个维度：一是类型和构成维度，体现出医院类型的多样性、功能组成和专业系统构成的复杂性，根据 OmniClass 信息分类标准，医院分为 19 大类 395 子类的功能空间；二是环境维度，体现出受战略、政策、市场、自然、社会、法律和周边环境等多方面的影响，是规制性最强的工程类型；三是组织维度，体现出系统开放性、利益相关者多样性、需求复杂性和变动性特征，是医院建设工程复杂性的根源；四是技术维度，体现出诊疗技术、装备技术、工程技术、信息技术和人文美学的交叉融合，具有跨专业的复杂性；五是目标维度，体现出投资造价、质量、安全、进度等多目标的矛盾性。因此，提升医院基本建设的系统复杂性认知能力、降解能力和驾驭能力，就成为建设管理者的最大挑战，也是医院基本建设成功的重要保证。

另外，当前大部分医院建设单位管理经验少，缺乏对既有经验的系统总结，管理理念、管理方法和管理手段落后，无法应对基本建设复杂性挑战，从而带来超投资、进度拖延等问题，甚至引起投入使用后的大修大改，给政府投资和医院院方带来巨大浪费。因此，医院基本建设管理水平亟需进一步提升，医院管理者也亟需系统化、专业化和规范化的建设指南和管理指引。

医院基本建设的复杂性决定了相应指南的编制同样是一个复杂的系统工程，该项工作的完成也不是一蹴而就的，需要不断动态更新和调整。从总体上看，医院基本建设管理指南体系可包括程序类、管理类、技术类和综合类四大部分，初步设想的具体框架如图 0-1 所示。体系中的文件可以根据需要设置指南、导则、程序、规范、标准

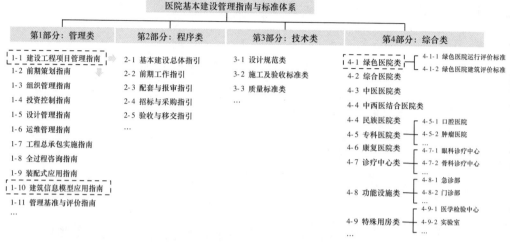

图 0-1　医院基本建设管理指南与标准体系设想

等名称。其中,《绿色医院运行评价标准》《绿色医院建筑评价标准》(GB/T 51153—2015)和《医院建筑信息模型应用指南》已分别于 2014、2015 和 2018 年正式发布。

　　《医院建设工程项目管理指南》是管理类指南和标准的一个统领,同时也涉及其他类型领域的基本内容。各团体、单位和机构可以根据实际需要和现有标准体系情况,编制更为细致的指南或标准,以指导和规范医院基本建设工作。

引 言

在新的时代背景下，一方面，医院基本建设总体规模将进一步增加，建设单位仍然面临较大的建设管理压力；另一方面，过去粗放式的建设模式将难以为继，医院建设工程项目管理需要进一步转向高质量创新发展模式。尤为重要的是，随着工程技术、信息技术和医疗技术等飞速发展，以及政府和社会资本合作、代建制、工程总承包、装配式、全过程咨询（项目管理）等新的组织模式和生产方式的应用，医院基本建设管理将迎来深度变革，将对建设单位或医院院方带来更大挑战，管理者需要系统化的专业指引。

为此，中国医院协会组织代表性地区行业管理机构、医院协会、医院以及科研机构组织成立了编写小组，启动《医院建设工程项目管理指南》的编制。编写小组认真调研和总结了国内外成功经验以及发展趋势，经过前期工作、初稿编写、意见征询、评审、完善与报批，最终定稿。

本指南主要应用于建设单位或医院院方，也适用于代建单位和政府主管部门，其他如全过程咨询单位（或项目管理单位）、工程总承包等也可参考使用。

本指南聚焦于医院建设工程项目管理，编制目的是为管理者提供业务指导，以便了解医院建设工程项目管理的关键要素、基本程序和工作重点；此外，对于新的技术发展和管理模式应用，也提供基本的业务指引和操作指导。

通过指南可以达到：

（1）总体了解医院建设工程项目管理的管理要点和成功要素。

（2）可以了解医院建设工程项目全过程、全方位、全要素管理的主要理念、工作内容和注意事项。

（3）可以了解医院建设工程项目中的突出难点、重点，以及新的技术、方法和模式的应用方式、关键要点及发展趋势等。

由于医院建设工程项目管理中各要素的发展和变化，本指南将在使用过程中不断完善并适时更新。

建设单位或医院院方、代建单位、全过程咨询或项目管理单位等，可以在本指南的基础上，结合地区、单位及项目特点，编制更有针对性和更具体的实施方案，以指导和规范医院建设工程项目管理的各项工作。

目 录

1 范　围

　　本指南规范了医院建设的通用性项目管理以及物理环境安全、特殊用房、智能化系统、智能物流系统和建筑信息模型等关键内容的建设管理工作内容，指出了医院建设未来的发展趋势，为医院建设工程项目管理提供总体上的业务指引。

　　本指南适用于各地区三级公立医院的新建和改扩建工程，包括集中代建、企业代建、自行管理等多种政府投资建设工程项目管理模式，其他等级医院及大型民营医院可作参考。

2 规范引用性文件

凡是注日期的引用文件，仅注日期的版本适用于本指南。凡是不注日期的引用文件，其最新版本（包括所有的修改单）适用于本指南。

除一般民用建筑及专项设计、施工规范外，指南列出了医院建设专项标准、规范和指南，见表2-1。

表2-1　常用的医院专项规定、规范和指南一览表

指南／标准名称	编号
医疗机构管理条例实施细则	原国家卫计委令第12号
医疗机构基本标准（试行）	原国家卫计委2017
卫生健康委关于印发医疗消毒供应中心等三类医疗机构基本标准和管理规范（试行）的通知	国卫医发（2018）11号
综合医院建设标准	建标110—2008
综合医院建筑设计规范	GB 51039—2014
绿色医院建筑评价标准	GB/T 51153—2015
中医医院建设标准	建标106—2008
儿童医院建设标准	建标173—2016
传染病医院建设标准	建标173—2016
精神专科医院建设标准	建标176—2016
急救中心建设标准	建标177—2016
疾病预防控制中心建设标准	建标127—2009
老年养护院建设标准	建标144—2010
老年人照料设施建筑设计标准	JGJ 450—2018
养老设施建筑设计规范	GB 50867—2013
老年人居住建筑设计规范	GB 50340—2016
重症医学科建设与管理指南（试行）	卫办医政发〔2009〕23号
医院洁净手术部建筑设计规范	GB 50333—2013
医院污水处理设计规范	CEC S07：2004
医疗机构污水处理工程技术规范	HJ 2029—2013

续表

指南／标准名称	编号
医疗机构水污染物排放标准	GB 18466—2016
医用气体工程技术规范	GB 50751—2012
医用中心吸引系统通用技术条件	YY/T 0186—94
医用中心供氧系统通用技术条件	YY/T 0187—94
医疗建筑电气设计规范	JGJ 312—2013
医疗建筑集成化装配式装修技术标准	T/CSUS 03—2019
洁净室施工及验收规范	GB 50591—2010
医院消毒卫生标准	GB 15982—2012
医院污水处理技术指南	环发〔2003〕197 号
医疗废物集中处置技术规范	环发〔2003〕206 号
临床核医学放射卫生防护标准	GBZ 120—2006
绿色医院运行评价标准	中国医院协会：2014 年
医院建筑信息模型应用指南	中国医院协会：2018 版

3 术语和定义

3.1 三级医院 grade three hospital

跨地区、省、市以及向全国范围提供医疗卫生服务的医院，是具有全面医疗、教学、科研能力的医疗预防技术中心。

3.2 公立医院 public hospital

经济类型为国有和集体办的医院。公立医院分为政府办医院（根据功能定位主要划分为县办医院、市办医院、省办医院、部门办医院）和其他公立医院（主要包括军队医院、国有和集体企事业单位等举办的医院）。

3.3 项目管理 project management（PM）

从项目的投资决策开始到项目结束的全过程进行计划、组织、指挥、协调、控制和评价，以实现项目的目标，通常包括进度控制、质量控制、造价控制、合同管理、质量管理、安全管理以及沟通协调等。

3.4 建设项目全生命周期 construction project life-cycle

建筑项目从规划设计到施工，再到运营维护，直至拆除为止的全过程。

3.5 工程管理 professional management in construction

涉及项目决策阶段的开发管理、实施阶段的项目管理和使用阶段（或称运营阶段、运行阶段）的设施管理等建设项目全生命周期的管理内容。

3.6 代建单位（机构）construction agent

对非经营性政府投资项目，在代建制下，负责项目建设实施管理的专业化项目管理单位，其选择方式和具体职责不同地区具有不同的规定。

3.7 全过程工程咨询 engineering consulting service for project life-cycle

为项目决策和实施提供整体解决方案以及管理服务的咨询服务模式。

3.8 项目建议书 project proposal

工程建设项目需政府立项审批时，由项目投资方对拟建项目提出的框架性总体设想，说明拟建项目建设的必要性，初步分析项目建设的可行性和投资效益的建议文件。

3.9 项目可行性研究 feasibility study

通过对工程建设项目有关的工程、技术、环境、交通、经济及社会效益等方面条件和情况进行调查、研究、分析，对建设项目技术上的先进性、经济上的合理性和建设上的可行性，在多方案分析的基础上做出的比较和综合评价，为项目决策提供可靠依据。

3.10 设计任务书 design assignment statement

构成合同内容之一的，由发包人针对工程项目的建设目标、功能要求等内容，向设计人提出的定性或定量的、侧重于技术经济性要求的书面文件。

3.11 价值工程 value engineering（VE）

价值工程是指以产品或作业的功能分析为核心，以提高产品或作业的价值为目的，力求以最低寿命周期成本可靠地实现产品或作业必要功能的一项有组织的创造性活动。

3.12 工程总承包 engineering procurement construction（EPC）/design-build（DB）

依据合同约定对建设项目的设计、采购、施工和试运行实行全过程或若干阶段的承包。

3.13 专业分包 specialized subcontractor

专业分包工程是指在医院工程施工图纸中暂时不能明确的专业工程和在施工或工程总承包招标文件中被列为暂列金额的相关设备材料，需要在总承包招标完成后开展。专业分包工程主要有：手术室工程、精装修工程、消防工程、弱电工程、幕墙工程、净化工程、屏蔽工程、污水处理站工程、变配电工程、绿化工程及智能化等。

3.14 集成项目交付 integrated project delivery（IPD）

集成项目交付是一种项目交付的方式，人、系统、商业和实践活动被集成到一个整体体系中，项目各利益相关方通过在项目设计、制造和施工的各个阶段进行密切合作，充分发挥自身技能、智慧和实践经验，充分优化流程，减少浪费，最大限度地提高项目整体效率与价值。

3.15 大型医用设备 large-scale medical equipment

使用技术复杂、资金投入量大、运行成本高、对医疗费用影响大且纳入目录管理的大型医疗器械。大型医用设备配置管理目录分为甲、乙两类。

3.16 装配式建筑 prefabricated building

由预制部品部件在工地装配而成的建筑。

3.17 设施管理 facility management（FM）

设施管理是一门通过整合人员、空间、过程和技术，以确保建成环境实现设计目的的包含多个学科的专业。

3.18 医院后勤管理 hospital logistics management

医院后勤管理是医院物资、总务、设备、财务、基本建设、后勤信息化建设工作的总称，它包括衣、食、住、行、水、电、煤、气、冷、热等诸多方面。

3.19 医疗工艺设计 medical process design

根据医院医疗功能需求，对其医疗业务结构、功能、医疗流程和相关技术要求、参数等进行的专业设计。一级医疗工艺设计包括总平流线规划、单体建筑医疗功能设计、单体建筑内医疗功能单元设计；二级医疗工艺包括各医疗功能单元内功能房间设置、流线与医院感染分区规划、科室需求与医院顶层规划的验证；三级医疗工艺设计包括功能房间内各功能布局及医疗设备家具平面布置及技术条件规划。

3.20 循证设计 evidence-based design

在设计过程中设计师与医院院方或项目单位合作，共同认真审慎地借鉴和分析现有的、最可靠的科学研究证据，从而对设计问题做出正确的决策。

3.21 技术规格书 specification

对工程项目中的材料和设备技术要求的规范性描述。它反映了工程设计、施工过程中对材料或设备装置的组成、质量标准、设计参数和施工要求及后期维护要求的详细定义。

3.22 建筑信息模型 building information modeling（BIM）

在建设工程及设施全生命期内，对其物理特征、功能特性及管理要素进行数字化表达，并依此设计、施工、运营的过程和结果的总称。简称 BIM 或模型。在 BIM 的基础上增加时间维度称为 4D BIM，再增加造价或者成本则称为 5D BIM。

3.23 医院智能物流系统 hospital intelligent logistics system

通过软件精准控制的自动化运送与存储设备，对医院进行全供应链补给，实现医院的精益化管理。

3.24 医院物理环境 hospital physical environment

指医院的建筑设计、基本设施以及院容院貌等位置的物质环境，它是有形的、具体和表层的，包括视听（噪音）、嗅觉、仪器、设备及场所等多个方面。

3.25 医院物理环境安全 safty of hospital physical environement

保证在医院所有建筑物内及周围所有可供活动的区域内人员与财产的整体安全。

3.26 医院固定资产 hospital fixed asset

医院固定资产是指单价在 1000 元以上（医疗设备 1200 元以上）或使用期限在一

年以上，并在使用过程中基本保持原有物质形态的医院资产。单价值虽未达到规定标准，但耐用时间在一年以上的大批同类物资，也应作为固定资产管理。医院固定资产分为五类：房屋及建筑物、专有设备、一般设备、图书和其他固定资产。

3.27 多学科会诊 multiple disciplinary team（MDT）

由来自两个以上的多个相关学科，组成固定的工作组，针对某一种疾病，通过制度化定期会议形式，提出适合患者的最佳诊疗方案，继而由相关学科单独或多学科联合执行该治疗方案。

3.28 重症加强护理病房 intensive care unit（ICU）

重症加强护理病房又称加强监护病房综合治疗室，治疗、护理、康复均可同步进行，为重症或昏迷患者提供隔离场所和设备，提供最佳护理、综合治疗、医养结合，术后早期康复、关节护理运动治疗等服务。

3.29 医学实验室 medical laboratory

医学实验室是指医疗机构用于临床、教学、科研的实验室的总称。依据运营属性和经济主体的不同，可以分类为公立医疗机构医学实验室（也称临床实验室）、标本库、第三方独立医学实验室和科研教学医学实验室。

3.30 临床实验室 Clinical laboratory

是以诊断、预防、治疗人体疾病或评估人体健康提供信息为目的，对来自人体的材料进行生物学、微生物学、免疫学、化学、血液免疫学、血液学、细胞学、病理学或其他检验，并出具检验结果的实验室。

3.29 科研教学医学实验室 research and teaching medical laboratory

科研教学医学实验室是指用于科研教学，给学生提供实践训练、科研创新、自主学习的平台。可细分为人体解剖学实验室、形态学实验室、机能学实验室、分子生物学实验室、生物医药专业实验室和动物实验室等。

3.30　智慧医院 smart hospital

　　智慧医院是基于互联网、物联网、云计算、大数据和人工智能等信息通信和信息技术基础设施之上的新型医院，其构建了医院自动化、智能化、个性化、便捷化和精准化的服务过程，以改进现有病人服务和医院管理过程，以及增加新的管理和服务能力。

3.31　互联网医院 Internet hospital

　　是一种基于"互联网+"技术的新型医疗机构服务模式，它有两种模式：第一种模式是以医疗机构为主体，利用互联网信息技术拓展服务时间和空间，把互联网医院作为医疗机构的第二名称；第二种是一些互联网公司和企业已经申办了互联网医院，利用互联网公司提供的平台，为患者提供服务。

3.32　绿色医院 green hospital

　　是主动采取选择环保场地、利用可持续和高效的设计、使用绿色建筑材料和产品以及采用绿色施工、运维和改造过程等多项措施的医院。

4 总则及需考虑的因素

4.1 总体构成

包括基础要素、通用要素和专项要素，以及附录等，如图4-1所示。

（1）基础要素提供对医院建设工程项目管理的总体认识，包括对象要素、基本任务、管理要点和成功要素等内容。

（2）通用要素主要包括医院建设工程项目全过程、全方位、全要素管理的通用要点，本指南列出了包括项目策划、项目管理模式选择与组织配置、设计管理等11项医院建设工程项目管理涉及的通用要点，这些内容覆盖了从项目前期直至开办的项目全过程。

（3）专项要素主要包括医院建设专门性、特殊性和关键性建设管理或应用要点。

（4）附录包括资料型附录和推荐型附录，为指南的使用提供延伸参考资料及具体参考借鉴等。

4.2 总体原则

（1）本指南主要应用于项目单位、建设单位或医院院方，也适用于政府主管部门、代建单位、监理单位、全过程咨询单位或项目管理服务单位，其他如咨询单位、工程总承包单位等也可参考使用。

基础要素	通用要素	专项要素
5.1 对象要素	6.1 项目策划	7.1 医院物理环境安全建设要点
5.2 基本任务	6.2 项目管理模式选择与组织配置	7.2 医院特殊用房建设要点
5.3 管理要点	6.3 设计管理	7.3 医院智能化系统建设要点
5.4 成功要素	6.4 前期评审、审批与配套管理	7.4 医院智能物流系统建设要点
	6.5 招标采购管理	7.5 医院建筑信息模型（BIM）应用要点
	6.6 进度控制	7.6 医院建设未来发展趋势
	6.7 投资控制	
	6.8 质量和安全管理	
	6.9 风险管理	
	6.10 信息管理与项目管理平台	
	6.11 竣工验收与开办管理	

图4-1 指南的总体要素构成

（2）本指南既涉及医院建设工程项目管理的关键要素，也涉及医院建设的最新理念和发展趋势。

（3）本指南主要定位于医院建设工程项目管理指南，强调要点性、纲要性和指引性，而非设计及施工技术性指南，因此不强调操作性细节和具体业务程序。

（4）本指南主要强调医院建设工程项目管理的独特性和关键内容，而非建设项目管理的所有方面。

（5）本指南主要强调面向全国的通用性，而不强调特定地区、特定医院和特定项目的特殊性。

4.3　需考虑的因素

（1）由于政策、法规和规范不断调整和更新，若本指南与之冲突或不一致，以最新政策、法规和规范规定为准。

（2）由于医院类型及建设内容的复杂性，本指南并未覆盖医院建设工程项目管理的所有方面，建议各地区或项目单位（或建设单位、医院院方、代建单位、全过程咨询单位等）根据需要进行适当扩展。

（3）由于不同地区、不同医院、不同项目都具有自身特殊性，建议依据具体情况进行适当调整，并辅以项目管理手册或实施方案配套使用。

5 基础要素

5.1 对象要素

（1）医院是医疗机构的一种，具有相应的空间功能及设施系统。医疗工艺是医疗流程与医疗空间、医疗设备等资源的综合配置，对医院的运营效能具有重要影响。依据《全国医疗卫生服务体系规划纲要》《医疗机构管理条例实施细则》《医疗机构基本标准（试行）》《关于城镇医疗机构分类管理的实施意见》以及《综合医院建设标准》等文件，医院建设工程项目管理的对象要素总体如图5-1所示。

（2）由于相关政策、标准和规范等在不断调整，医患需求在不断变化，诊疗技术、建筑技术和信息技术等在不断发展，由此带来医院、医疗设施以及医疗工艺的内涵、构成、分类和组合也在不断变化。因此，医院建设工程项目管理的对象在不断演化，项目管理的难点和重点以及管理理念、组织、方法和手段也应进行适应性调整。

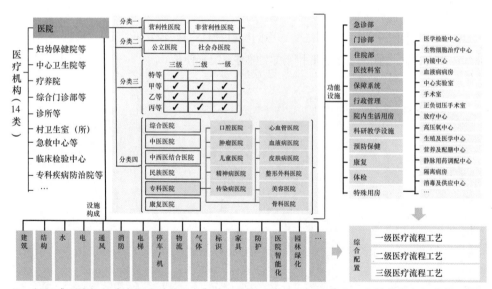

注：根据《医疗机构基本标准（试行）》第一部分，医院包括疗养院，专科医院包括康复医院；而根据《医疗机构管理条例实施细则》，疗养院则为单独的医疗机构（第四类），专科医院则和康复医院并列。以上两个文件均在2017年由原国家卫计委发布。

图 5-1 医院建设工程项目管理的对象要素

5.2 基本任务

（1）建设工程项目的全过程管理，包括项目前期策划与管理（或称开发管理）（Development Management，DM）、项目实施期项目管理（Project Management，PM）、项目使用期设施管理（Facility Management，FM），也涉及投资方、开发方、设计方、施工方、供货方以及运维管理方等对工程的管理。在我国医院领域，可能还涉及代建方、全过程咨询方、工程总承包方及后勤外包服务方等。图5-2为医院领域工程管理及其各参与方的工作范围及任务。

（2）对于建设单位或院方而言，医院建设工程项目管理工作涉及安全管理、投资控制、进度控制、质量控制、合同管理、风险管理、信息管理以及组织和协调等工作。如采用代建模式、项目管理或全过程咨询服务，这些单位也同样包含以上基本工作任务。

（3）医院建设项目是规制性较强的项目类型，需要遵守基本建设程序，其中也涉及特定的建设程序，附录A为医院基本建设典型流程图。需要注意的是，由于政策规定和管理职能有差异，各个地区流程会有所不同。

5.3 管理要点

（1）医院前期定位和科学决策，包括发展目标与战略、选址、功能定位与构成、规模定位、建设标准与档次定位、医疗工艺策划、投资造价和运营预测等。既是前期

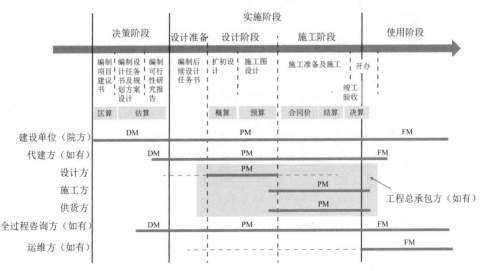

图5-2 医院建设工程管理及典型参与方的工作阶段范围

13

的工作重点，也对医院全生命周期运营管理具有决定性影响。

（2）医院建设项目的组织具有开放性、多样性和利益冲突性，因此协调院内外各方关系、形成具有共同目标的协同组织、理顺职责界面和工作流程，是医院建设管理的组织要点。

（3）医院建筑是一个复杂的多专业集成系统，而设计是龙头。最终用户需求和运营导向理念的应用、建筑各专业设计协同、建筑设计与医疗工艺设计的协同、医疗设备采购与设计的配合、施工阶段的设计配合、设计质量管理、建筑信息模型（BIM）及技术规格书应用、价值工程及可施工性分析等都是设计管理的要点。

（4）施工现场是各种要素的互动场所，也受到内外部各种因素的影响和制约，尤其是中心城区现有院区的扩建工程或者大修工程，制约因素更多。更精细化的施工组织、施工方案、进度管理和安全管理等都是项目管理的要点。

（5）对于公立医院而言，项目的政府投资属性和公共项目属性决定了项目投资、进度、质量和安全控制的重要性，随着政府投资体制的不断改革，四大目标的综合平衡成为项目管理的重点和要点。

（6）运营阶段是医院建设工程发挥效益的主要阶段，设施管理或后勤管理的重点不仅在运维阶段，也体现在前期策划、设计和施工阶段的提前介入，但如何落实运维导向的项目管理，使医院工程全生命周期运营管理增值，是其中的重要管理要点。

5.4 成功要素

（1）关注医院发展趋势。由于医患需求和医疗技术在不断发展，医院在不同阶段体现出不同的特征，这些新需求和新特征会对医院建设产生重大影响，例如医院功能演化、医疗环境需求变化、医疗服务外包、医疗模式变化、远程医疗推广、医院网络化和集团化发展、信息技术的应用等，都会对医院建设产生重要影响。

（2）与医疗技术发展和医疗服务理念紧密结合。包括医院与自然环境、地理环境、气候特征的紧密关系，绿色、色彩与风格对医疗服务和诊疗效果的影响等，要处理好医疗和艺术与人文的关系，处理好建设与运营、改造、设备升级等之间的关系。

（3）充分的前期策划。正是源于医院建设项目的复杂性和系统性，前期策划才凸显出重要性。充分、系统的前期策划为项目成功奠定了重要基础。要做好医院建设项目的前期策划，类似项目的经验教训、医院需求分析和使用单位（部门）的充分介入、开放的跨专业组织、项目内外部环境的分析、不断创新求增值和适时动态调整的策划方案等，构成了成功开展前期策划的基本理念。

（4）专业的集成项目组织。作为专业性极强的建设工程，医院的参与方都需要有丰富的医院工程经验。这些参与方需要紧密合作，相互配合，形成健康的项目文化，以合作而非对抗的态度共同完成项目的全过程管理。其中，业主方（包括建设单位、院方、代建方以及咨询方等）是医院建设项目成功的关键，需要具备项目组织、协调、集成和控制能力，以及外部资源的沟通、协调和整合能力。业主方、设计方、施工方等主要参与单位的项目负责人的能力也是项目组织成功的基本保证。

（5）提高设计管理质量。设计不仅是创作和创造过程，也是各个专业技术实现的过程，是项目实施的依据和龙头。设计过程是多专业互动、协调和集成的过程，不仅包括建筑设计，也包括医疗专项设计和医疗工艺设计，还包括施工操作分析以及运维导向分析等，是一个复杂的系统工作。设计管理也是多单位参与的过程，通过组织创新、管理创新和技术创新提高设计成果质量和设计管理质量，是医院建设高质量、高水平目标实现的关键。

（6）全生命周期管理。传统管理方式将前期、实施和使用阶段进行割裂，使得实施阶段出现了大量变更，运维与管理也出现了频繁的改造，带来了巨大浪费，影响了医院的高效能运营和高质量发展。全生命周期管理思想是将各个过程进行集成管理，实施和运营组织提前介入，优化设计和施工方案，将建设与运营经验和需求提前嵌入，提高医院满足需求变化的弹性能力，在项目全生命周期实现价值增值。

（7）创新项目交付模式。技术发展、生产方式与行业变革推动了项目交付模式的变化，集中代建制、工程总承包以及集成项目交付（IPD）等模式在医院建设项目中不断应用，推动了项目交付模式的变革，装配式、模块化以及BIM技术的应用也使得医院建设项目的设计和生产方式在变化。这些新理念、新模式、新方法的应用，也推动了医院建设质量和管理水平的提升。

（8）新技术应用。技术创新和变革在各个行业发展中的地位越来越重要，智慧医院成为趋势，医院建设需要充分考虑新技术发展趋势，预留弹性空间。系统化的前期仿真和优化将是医院正式实施的先决条件。在医院建设项目中，BIM、物联网、人工智能、大数据及5G等新技术应用越来越普遍，在医院建设与运维的信息化、智能化、精细化管理中发挥的作用越来越突出，以协助院方和各参与方应对医院建设项目的复杂性，从而提高医院建设与运维的管理水平。

6 通用要素

6.1 项目策划

6.1.1 前期策划

1）前期策划理念

（1）前期策划与规划工作，往往需要医院管理者、医护人员、设计师、建筑师、设备厂家和感染控制者等多方人员共同努力完成。循序渐进地明确项目的定位、功能需求、具体建设方案和投资等重要内容，并以一定的成果文件指导后续工作。

（2）要以发展的眼光考虑医院建设，以永续经营的思维看待医院建设，坚持动态发展的主导思想，客观分析医院现状、优势、挑战及未来发展的机遇，使策划方案既符合实际、具有可操作性，又具有前瞻性和战略性。

（3）在医院建设项目中积极运用新的科技成果，推动信息化、互联网、大数据、云计算和 5G 等技术在医院建设及运营中的应用。

2）前期策划的依据

（1）充分考虑政策发展、人口规模和结构发展趋势、疾病谱变化、医疗技术发展、地区医疗卫生事业发展规划及医院发展战略等，形成可持续并具有弹性的项目定位和功能定义。

（2）结合我国公立医院体制和医疗分级制度而确定的综合医院建设标准，是一般公立新建综合医院策划的基本依据。除此之外，中医综合医院、各类专科医院、综合性教学医院和研究型教学医院等，都不能照搬综合医院建设标准，需要根据规模、功能特点、运营方式等进行策划。

（3）从医院建筑的需求出发，根据建设项目所在院区的设计条件，研究分析满足建筑功能、性能和布局的总体方案，可利用 BIM 等技术对项目的设计方案进行数字化仿真并对其进行可行性验证，从而对医院建筑的总体方案进行初步评价、优化和确定。

（4）对于医院改扩建项目，前期策划的核心在于改扩建建设活动不能中断医疗工作。策划者应当对现状深入调查，通过与医院的管理层、执行层不断沟通和共同讨论，从医院实际出发，提出各种解决方案，不断优化，直至现场放线验证。同时积极挖掘现有建筑空间资源，暂时保留对改扩建施工面影响不大的老建筑，以妥善安排改造过渡期各项业务用房，制订搬迁计划，使医院改造在尽量不影响医院现有医疗工作的基础上得以进行。

3）前期策划的基本内容

（1）医疗策划

医疗策划在项目建议书编制之前进行，是医院建设的最高纲领和思路，一切建设活动的最终目标是实现这个策划。医疗策划应依据规范、标准、运营模式进行，主要涉及以下内容：

① 医疗理念（非营利性、营利性、基本、高端、特需）。

② 医院定位及医疗规模（床位数、门诊量、急诊量，各科、各部门规模）。

③ 功能与部门设置（科室功能单元类型与数量）。

④ 医疗流程策划（一级流程、二级流程）。

⑤ 医疗单元、房间内部空间策划（三级流程）。

（2）运营策划

① 运营策划通常与医疗策划同步进行，运营模式是医院各级管理者的思维，是医院在组织架构、经济、岗位、管理、系统和设备等方面的设置。运营模式影响着医疗策划，医疗策划表达出运营所要求的功能内容、指标、空间、流程及布点等。

② 对于老医院改扩建、老医院迁址新建，策划应在新规模的前提下，延续、结合医院现有模式做优化改进。对于新建医院尚无明确运营方或运营方尚无完整的科室负责人时，建设策划要与运营策划协同制订、相互支撑，制订出先进的、规范化、标准化和有灵活性的模式。

③ 包括以下内容：a.市场分析、战略研究；b.医院定位；c.服务对象、服务内容；d.医院总体及各科、各部门内部运营模式；e.不同运营模式下投入与产出效益分析；f.分期运营步骤；g.案例研究、比较和借鉴。

（3）建设策划

① 建设策划宜在开始做项目可行性研究、已经获得建设用地、由土地使用条件、已有（或尚无）规划设计指标时进行，应围绕实现医疗策划和运营策划的目标提出有关建设的纲领性方案。

② 包括以下内容：a.建设标准与定位；b.建设内容与规模；c.初步建设方案、主要技术指标；d.分期建设内容与步骤；e.投资控制原则；f.建设程序安排；g.建设管理要点。

（4）建筑策划

① 建筑策划在设计任务书编制之前进行，应围绕实现建设策划目标，和从工程项目管理、设计管理的角度发挥作用，特别关注建筑项目与城市建设规划的切合性、建筑项目的技术可操作性与可实施性。

② 医院建筑策划需要通过科学系统的信息收集处理方法，借鉴大量案例经验，采用循证设计方法，更加全面、系统地完成策划，最终形成文档或者报告。

③ 建筑策划应提出下列要求：a.项目构成；b.单体建筑规模；c.城市空间关系；d.建筑功能与标准；e.结构选型；f.设备系统；g.环境保护；h.节能策略；i.建筑经济分析；j.工程投资；k.建设周期。

（5）空间策划

① 在编写医院室内设计任务书前要进行空间策划，以确定所有房间的数量和空间指标。在中观层面，对涉及服务质量、大型设备利用率的部门要进行深入策划，统筹考虑服务种类、设备配置、人力台班、工作时间等因素，例如：手术部、消毒供应室、放疗科等。在微观层面，要考虑每一间医疗用房内的设备设施安排、家具布局、工作人数、操作流线、开关插座位置、通风口位置及隐私等因素，例如：护士站、诊室、病房、检查室、治疗室和实验室等。空间策划的目的是实现医疗设备配置、人力配置、空间利用、工艺流程的最佳结合。

② 空间策划主要包括以下内容：a.医院部门设置；b.医疗设备配置；c.开设的检查、手术、治疗、研究类型；d.设备、空间、人力资源共享方式；e.各部门工作人数及排班；f.各部门及各房间面积和数量；g.主要工作空间尺度；h.医疗工艺流程初步规划。

（6）医疗工艺策划

① 医疗工艺策划要贯穿整个医疗建筑设计全过程，必须以医院顶层设计为目标，充分了解医院管理者、学科带头人、护理人员、患者和家属的不同需求，集功能需求、感染规定、建筑与专项工程各专业为一体的系统性工作。

② 医疗工艺策划包括医疗系统构成、功能、医疗工艺流程及相关工艺条件、技术指标和参数等。

③ 医疗工艺策划可由医院管理者、医疗咨询师、医生、技师、感染控制专家、熟悉医院设计的建筑师和设备工程师等共同参与。

④ 在医疗工艺策划过程中，要通过对医院的实际情况进行全面调查、分析、研究，结合医院远近期服务能力及城市卫生发展规划要求，结合其他前期策划成果，由策划

团队与医院管理决策层进行沟通、比较、计算、统计，得出一系列空间数据、设施指标。最终用设计任务书、设计导则、概念设计图、空间数据表、招标文件、技术规格书或参数等形式表达出来。

⑤ 医院建设项目可以在可行性研究报告、建筑方案设计、初步设计、施工图设计和室内装修设计阶段引入医疗工艺设计。项目筹建之初，可行性研究报告之前引入医疗工艺设计，是全面落实医疗工艺设计的最佳节点，可以将医院定位与需求贯穿项目设计与建设全生命周期。

⑥ 包括以下成果：a.医疗任务量计算书；b.医疗工艺流程策划；c.医疗设备、装备、配置及说明（含技术条件及参数）；d.医疗用房配置要求（含用房条件）；e.医疗相关系统配置（医用气源、洁净室、物流传输、标识系统等）。

（7）医疗设施及设备策划

① 医疗设施及设备策划是根据医疗策划与空间策划要求进行的。应进行科学的设计，合理运用医用设施，使各项设备和设施能够充分发挥作用，避免不适用的盲目配置。主要包括以下内容：a.对医院内的医疗设施及设备进行选择、定位，确定建设标准、应用范围、造价目标；b.对室内设计做出指导，满足医学、人体工程学、舒适性、自动化、人性化等要求。

② 为了做好医疗设施及设备规划，使策划成果能够实现并被有效应用，医院院方应尽可能为策划方提供以下基础资料：项目资金条件、医院人力资源配置、拟建建筑的方案设计图、现状建筑的竣工图、气象及风玫瑰图、医院供电供水排污供气通信情况、卫生、环保、消防、人防等主管部门提出的要点批示等。

（8）医疗工艺策划的过程管理

① 工作机制包括如下：

a. 医疗工艺设计与医院决策者：总体了解医院现状与医疗发展规划，把握医院顶层设计与建设规模；

b. 医疗工艺设计与科室使用者：以医院顶层设计和限额条件作为目标，了解需求，论证需求，落实需求；

c. 医疗工艺设计与建筑设计方：落实、协调、验证方案设计，与建筑设计各专业提供条件预留依据，保持医疗参数与条件的技术沟通；

d. 医疗工艺设计与运营使用者：运营后评估、持续改进和提升。

②工作流程如下：

a. 建筑方案设计阶段：完成一级医疗工艺设计优化与二级医疗工艺设计，配合医院完成医学卫生流程评审，确保建筑方案设计阶段功能的稳定；

b. 初步设计、施工图设计阶段：完成三级医疗工艺设计与各医疗设备、专项工程的技术条件规划，实现条件参数的图纸化与详细标注。

③工作方式：不局限于调研、座谈、测算、汇报和论证；不局限于现场工作、远程视频、会议等。

4）前期策划的成果形式

策划的形式不拘，可以表现为策划书、策划表、策划图。应便于建设方和设计方等理解和使用，并进一步转化为项目建议书、可行性研究报告等基本建设程序性文件。成果形式例如：

（1）医院立项前期策划——医疗策划报告。

（2）总体规划前期策划——建设策划方案。

（3）医院建筑设计前期策划——建筑策划方案、概念性设计方案。

（4）医院室内设计前期策划——空间策划表、医用设施策划书、技术规格书和医疗工艺策划等。

5）承担前期策划机构的能力要求

策划是多专业的工作集成，是创造性高、经验丰富、整合能力强的跨界业务。我国目前还没有形成一个独立的行业，我国相关的建筑法律法规目前也没有专门的资质规定。实务中，结合建筑工程策划本身的内容考虑，承担策划的工作人员尤其是总策划人应当是工程咨询或工程设计领域中经验丰富的技术人才。相关单位应具备多种要素，例如：

（1）熟悉并了解国家及当地的各项法律法规、政策文件要求。

（2）熟悉并了解医院建设标准，根据不同医院的特点熟练运用建设标准进行分析。

（3）熟悉基本建设程序。

（4）了解不同医院的特点，熟悉医疗建筑功能布局。

6.1.2 项目建议书编制

1）核心内容是通过调查、分析、预测提出项目建议，提供为什么建设、在何处建设、建设多大规模以及建设目标等各个方面的决策依据。使建设单位或相关机构根据这些建议能够对提出的项目作出初步判断或决策。

2）项目建议书的编制方式有：拟建方自行撰写、咨询机构撰写、拟建方与咨询服务机构联合编写、医院建设咨询机构与工程咨询机构联合编写等。

3）项目建议书的内容视项目的不同情况而有繁有简，但通常包括以下几个方面的内容：

（1）建设项目提出的必要性和依据。

（2）建设方案、拟建规模和建设地点的初步论证。

（3）资源情况、建设条件、协作关系等的初步分析。

（4）投资估算和资金筹措设想。

（5）建设周期。

（6）经济效益和社会效益的初步评估。

4）项目建议书的关键要点包括项目建设的必要性、选址的确定和建设规模的确定，其中：

（1）项目建设的必要性包括宏观层面和微观层面，即国家或当地的发展规划、行业规划，以及建设单位自身的使用和发展需求。

（2）选址的确定针对新建项目、改扩建项目和迁建项目会有所不同。

① 新建项目或迁建项目关注新征用地原有性质以及调整程序、指标，摸清新征用地的地上建筑物、构筑物、管线、河道和涵洞等现状，明确交地条件以及相关费用，了解新征用地周边市政配套及基地红线情况。

② 改扩建项目需关注拟建基地上现有建筑物、构筑物、管线等情况及拆除、移位和搬迁费用，关注是否涉及污水处理站、锅炉房以及医技用房的过渡拆迁等，若为空间较为狭小的园区，需关注对周边建筑及管线的影响。

5）项目建议书的批复必须具备以下条件：床位批复、规划方面的认可、土地的落实文件以及建设方案的编制完成。

6.1.3 可行性研究报告编制

1）医院建设项目可行性研究的任务是根据国民经济中长期规划和地区规划、医疗行业规划的要求，对医院建设项目在技术、工程和经济上是否合理和可行进行全面分析、论证，做多方案比较，提出评价，为编制和审批设计要求文件提供可靠依据。

2）医院工程建设的可行性研究包含医疗运营可行性研究和建筑工程可行性研究两个层面。首先开展医疗运营模式的可行性研究，在明确医疗运营模式基础上才能进行工程建设的可行性研究。

3）医疗运营可行性研究工作包括：

（1）为确立定位、规模、经营者及投资限额进行卫生规划和医院管理模式前期研究。

（2）结合医院组织机构的设立进行医院运营模式策划。

（3）为合理选址而进行医疗空间需求策划。

（4）为医疗设备的投入产出而进行医疗设备规划。

（5）为确立建设标准而进行医疗设施策划。

（6）结合运营的可行性而进行临床服务策划。

（7）为提高运营效率而进行后勤保障体系策划。

（8）为实现医院信息化管理而进行数字化医院策划。

4）医院工程的医疗运营可行性研究工作应由具备医院建设与运营经验的机构来组织完成，参加人员主要是医院各级管理层、各科室业务主持人，医院建设的专业咨询人员以顾问身份参与。

5）可行性研究报告的主要内容：

（1）项目建设背景、项目概况、主要经济技术指标等。

（2）建设单位概况。

（3）项目建设的必要性。

（4）建设条件和项目选址。

（5）工程设计方案。

（6）环境影响评价。

（7）节能评估。

（8）项目实施计划和组织。

（9）投资估算与资金筹措。

（10）工程招投标。

（11）社会稳定风险分析。

（12）工程质量安全分析。

（13）项目财务评价。

（14）社会效益。

（15）结论。

6）可行性研究报告的关注要点：

（1）满足各项政策要求，特别是新政策的要求。

（2）项目建成后对医院现有资源布局调整的合理性分析。

7）可行性研究报告审批必备条件：

（1）节能评估报告。

（2）社会稳定风险评估等。

6.1.4　环境与交通影响评价报告编制

（1）在医院项目建设前期，应就医院项目建设对所在城市、街道、周边环境的影响做出评价。如果在项目建议书提出时进行项目选址，应在项目建议书阶段对建设项目做出环境影响评价；如果选址是在可行性研究阶段进行，应在可行性研究阶段做项目的环境影响评价。大型医院特别是传染病医院在项目建议书阶段和可行性研究阶段，都应当做出环境影响评价。

（2）当评价结果表明项目建设方案不能满足环境保护部门提出的标准时，应当采取措施完善建设方案使项目达到环保标准，或另行选址。环境影响评价书或环境影响评价报告应当报请项目所在地环境保护部门批准。

（3）对于位于城市最主要街区、主要干道附近的大型医院，应作出其对周边道路和地块的交通影响评价，并确定医院的出入口及主要交通模式。

6.1.5　项目管理策划

（1）项目管理机构成立后，在可研批复阶段，项目管理机构召开项目管理策划会，项目管理人员、前期策划人员、勘察设计人员均参加项目管理策划会，就项目的整体情况、难点特点以及后续的各项工作进行分析。

（2）针对项目特点、难点和重点，进行项目管理策划，以作为整个项目实施的指导性文件，主要内容包括：

① 项目目标策划与论证。

② 组织结构策划。

③ 前期工作策划。

④ 招标与合同策划。

⑤ 目标控制策划。

⑥ 专项实施方案策划。

⑦ 风险管理策划。

⑧ 信息管理策划等。

6.1.6　现场组织策划

（1）现场用地策划。现场用地策划与施工单位现场施工用地布置方案侧重点不同，主要考虑场地的综合利用、场地平整范围、临时用电与临时用水接口和出入口等方面，指导"七通一平"的组织工作，并作为判断施工单位现场施工用地布置方案是否合理的依据之一。包括：

①规划用地与施工用地范围的界定。

②策划功能区域（办公区、生活区、作业区和临时道路等）。

③初步确定临时用水接入点、临时用电接入点、排水口和出入口等位置。

④制订场地平整、临时道路建设计划。

⑤拟定参建单位（建设单位、项目管理单位、监理单位、设计单位及其他咨询单位）现场办公需求。

⑥确定施工组织方案，包括平面布置、出入口、吊装区域、行车路线、安全防护、噪声防护和绿色工地方案等。

（2）协调施工现场周边群体关系，具体包括：

①组织、督促对施工现场周边物质条件和各方利益相关者进行调查、了解，梳理其与项目的相互影响关系和存在的风险。组织、督促相关单位采取措施，尽量减低、避免相关的不利影响和风险。

②协调处理与周边群体的关系。

（3）协调施工总平面策划，包括：

①对于单个项目：组织编制施工总平面初步规划，落实临时用地构想，并制订各参建单位临时用房解决方案；督促各承包单位做好总平面管理的策划与实施；督促监理单位加强相关管理；参与协调总平面管理中出现的问题。

②对于群体项目：组织进行项目群的总平面管理策划与协调；处理各项目之间总平面管理的界面及可能存在的问题。

6.2　项目管理模式选择与组织设置

6.2.1　项目管理模式选择

（1）目前常见的有医院基建处自行管理、委托项目管理（或全过程咨询）以及代建管理模式等，不同模式具有不同的特点和适用范围，见表6-1。

表 6-1 不同项目管理模式的优缺点和适用范围

模式	特点	优点	缺点	适用范围
基建处自行管理	医院自行设立基建处(或指挥部),负责基本建设管理。基建处负责全过程建设管理,通过各类合同管理达到项目管理的目的	快速灵活、针对性强,能快速满足各医院的项目需求。也能代表医院利益,可以通过行政方式管理,内部协调和对外沟通简单	专业性不足,专业资源有限	一般适应小型工程、大中小修及日常维护等工作。基建班子大,经验丰富
委托项目管理	由社会化、专业化的单位来承担医院建设工程项目管理任务,既可以综合委托,例如全过程咨询,也可以单项委托,如造价控制	专业性强,专业资源丰富	专业服务单位选择困难,需要额外的服务费用,管理协调量增加	工程规模大,建设单位或院方经验不足
代建管理	通过专业化的建设项目管理,使"投资、建设、管理、使用"的职责分离,最终达到控制投资,提高投资效率和项目管理水平。有集中代建,也有企业代建	管理体制职责分离,以达到"双控"(控制建设规模,控制建设投资)、"双优"(工程优质,干部优秀)的目的,也有利于项目管理的专业化	代建体制不成熟,对代建单位的专业性要求高	已经实施代建制的地区,有集中大规模医院建设的地区

（2）以上模式也并非单一使用,具体项目中可能既有基建处,又结合代建制及委托项目管理模式。附录 B 为上海市、深圳市和北京市市级医院建设工程项目管理模式简介。

6.2.2 项目管理组织机构设置

（1）根据建设单位（院方）原有组织结构和内部管理特点,确定适合自身项目建设管理模式和相应组织机构。项目管理机构的设置,可以从项目的三个角度进行考虑：

① 从管理对象角度来看,项目管理组织机构应覆盖所有工程参与方的管理,如设计方、施工方、供货方和监理方等,还应覆盖工程实体全方位的管理,如工程规模较大的项目,应考虑分标段管理,涉及专业面广的项目,管理机构设置应考虑专业搭配合理。

② 从管理职能角度来看,项目管理组织结构设计应覆盖工程管理的所有职能和职责。例如,应全面落实管理的计划、组织、领导和控制职能；应覆盖技术管理、施工管理、采购管理、合同管理、投资管理及配套管理等各方面的建设单位管理职责。运维部门应提前介入建设管理。

③ 从管理过程角度来看,项目管理组织结构设计应覆盖前期策划、规划设计、招

标采购、施工安装、验收收尾及后评估甚至后期运维等全过程。

（2）对医院建设项目，各参建单位或个体的主要职责应进行分工。项目建设的不同阶段需要完成的项目任务不同，涉及的参建单位及其分工也都有较大不同，可按项目的前期阶段、实施阶段、竣工与开办阶段等来对参与单位的具体工作任务进行分工。

（3）对各任务承担者进行管理职能上的分工，如医院的主要职责包括负责工程项目立项，提供医院现状情况、医院的总体发展规划，以及项目用地、施工用地的周边各种配套、所需项目前期配套征询，提供医院资金使用的财务状况，进行工程项目融资，落实项目自筹资金，确保自筹建设资金及时到位等。

（4）项目组织机构模式、构成、任务分工及管理职能分工应针对不同阶段的实际需求进行动态调整。如采用装配式，需要形成相应管理团队。

6.2.3 利益相关者管理

（1）医院建设项目牵涉的单位和人员众多，这些单位和人员之间又具有复杂的关系，对项目的影响程度和方式也存在较大差异，因此分析医院建设项目组织结构，首先要明确其利益相关方。

（2）根据不同利益相关方在医院建设项目全生命周期中的参与程度、影响程度与被影响程度，可以分为三类：

① 核心利益相关方，直接参与医院建设项目的出资和管理，包括财政部门、医院及代建单位等；

② 重要利益相关方，不直接参与出资但直接参与和影响医院建设项目生产环节的单位和组织，包括勘察单位、设计单位、施工单位、施工监理单位、供货单位、招标代理和造价咨询等，还包括卫生主管部门、建设主管部门、市政配套设施管理部门等；

③ 一般利益相关方，不直接出资也不直接参与但是影响医院建设项目生产过程或被影响的个人、组织或单位，包括其他政府相关部门、医护人员、病患和医学院校等。

（3）各利益相关方在项目实施全过程的任务分工见表6-2，但这些分工会因为不同地区和不同建设管理模式而有所不同。

6.2.4 项目组织分工

组织分工通常包括工作任务分工和管理职能分工，前者界定了各利益相关者或参建单位的工作内容和界面，后者界定了决策、计划、执行、检查和配合等管理职能分工。表6-2为医院建设工程项目利益相关者分工的典型示例。

表 6-2 医院建设工程项目利益相关者分工的典型示例

项目阶段	利益相关者		具体工作任务
项目前期阶段	政府建设管理部门	市(区)发改委	项目建议书审核批复、可研报告批复
		规土局	土地转性、划拨手续,土地预审和建设用地批准书受理;详规报审受理、详细规划设计批复、规划设计要求、建设项目选址建议书批复、日照分析报告、设计方案审核、建设用地规划许可证受理、工程建设规划许可证受理及验线
		建交委	设计方案和文件审查、项目报建和报监、施工许可证审批
	政府评审部门	环保局	环境评估与环保批复、放射评估及评审(辐射监督所)
		卫监所	卫生评估与评审
		建交委	交通影响分析评审、抗震评审(科技委预审)、节能评审等
	政府配套征询部门	供电、供气、自来水、排水等有关部门	设计方案征询、扩初设计征询意见、施工临时用水申请
		民防、消防、交警、卫生防疫、轨交、绿化等主管部门	设计方案征询、扩初设计征询意见
	操作单位	医院院方、代建单位或项目管理单位(全过程咨询单位)	可研报告送审、评审
			基坑围护安全性评审,扩初图及概算送审,施工监理合同备案,施工场地三通一平工作,临水、临电申请,现场红线测绘、水准点引入,施工图送相关部门审查,施工合同谈判、签订、备案,渣土合同办理,报监等相关手续办理,施工许可证取得,编制年度资金计划,施工组织设计审批,开工前准备工作
			项目报建,设计任务书编制,设计方案确定,上报上级主管部门可研批准请示,设计方案调整,地质勘察合同备案,上报上级主管部门扩初批准请示报告,确认选择参建单位
		咨询单位	项目建议书编制、节能评估方案、地质灾害性评估方案和可研报告编制
		招标代理单位	设计招标、财务监理招标、勘察设计招标、施工监理招标和施工总包招标
		勘察单位	地质勘察及报告

续表

项目阶段	利益相关者		具体工作任务
项目前期阶段	操作单位	设计单位	制订项目建设规划、调整详细规划、方案设计优化与调整、扩初设计、出图、审核确定概算、基坑围护设计单位确定，各类评审方案、调整设计及概算、施工图设计
		审图单位	审图合格证
		测绘单位	现场红线测绘、水准点引入
		施工总包	编制标书、投标、施工合同谈判、签订总包合同、办理施工许可证（中标通知书、资金到位证明，综合保险、报建手续）、总进度计划编制及调整、编制月/周工作计划、编制年度资金计划、施工组织设计编制，现场测绘、放线、定位，开工申请报告、开工前准备工作及开工
		工程监理	收集建设单位应提供的文件资料、编制建立大纲和各阶段监理规划、审批施工单位应提交的文件资料、控制施工承包方施工前准备工作质量及现场检测的审查
		造价咨询或财务监理	审核确定及分析概算、预算、工程量清单，进行项目投资控制、合同管理和财务监管
项目实施阶段	各参建单位		组织或参与项目管理交底会，检查施工组织设计落实，检查专项施工方案落实，组织专项施工技术专题会议，组织施工交底会议，协调解决施工图纸问题，现场施工质量管理，参与设备、材料采购活动，现场安全、文明施工管理，参与单项工程验收，组织联动调试，参与组织竣工验收，结算资料，竣工验收会议
	医院院方、代建单位或项目管理单位（全过程咨询单位）		确认设计单位、监理单位、施工单位的合格证书，确认工程变更内容、"三重一大"决策、竣工验收和"双优"工作
			调整、分解工程进度计划，明确责任制，管理人员岗位职责项目管理日记、会议纪要、大事记等管理资料记录及整理，组织施工图纸会审，编制专业设备、专业分包招标采购计划，编制工作计划，组织政府采购招标工作，组织专业设备、专业分包招标工作，其他甲供设备、材料采购工作，现场文件、影像资料管理，协助医院确认合格证书，消防验收，环保验收，档案验收，规划验收，交通验收，绿化验收，室内环境测试及验收，节能验收测试及验收，协助质检部门验收和其他项目验收，竣工备案制验收

续表

项目阶段	利益相关者	具体工作任务
项目实施阶段	招标采购代理单位	组织政府采购招标工作，组织专业设备、专业分包招标工作
	设计院	配合设备招标、对施工队伍招标提供支持、设计交底、派遣设计代表到现场服务和参加"三查四定"（三查指查方案、扩初和施工图；四定是指定技术参数、材料及设备、限额价格和施工队伍）
	总包单位	落实总包进度计划，编制专业设备、专业分包招标采购计划，其他甲供设备、材料采购工作，现场文件、影像资料管理，施工单位自报合格证书，竣工图，接受质检部门验收和其他项目验收
	监理单位	监督施工单位严格按照施工规范和设计文件要求进行施工；监督施工单位严格执行施工合同，确保合同目标的实现；对工程主要部位、主要环节及技术复杂工程加强检查；检查和评价施工单位的工程自检工作；审查施工单位申报的月度和季度计量表；对所有的隐蔽工程在进行隐蔽以前进行检查和办理签认
	造价咨询或财务监理	负责造价审核与咨询、资金监控、财务管理、投资控制和合同管理工作
	外配套单位	负责水、电、气、通信等外配套设施
项目竣工验收阶段	总包单位	签订保修协议
	医院院方或代建机构	工程结算，竣工决算资料收集管理，签订保修协议，参与竣工结算、决算工作，项目管理总结，配合项目审计，资料整理、移交
	造价咨询或财务监理	审价、工程结算审定，竣工决算审核、投资及造价的对比分析、配合项目审计
	医院院方、代建单位或项目管理单位（全过程咨询单位）	工程结算，竣工决算管理，签订保修协议，参与竣工决算，项目管理总结，配合项目审计，资料整理、归档
	政府部门验收单位	规划、消防、人防和环保等验收工作

6.3 设计管理

6.3.1 医院总体布局设计、建设规划与总体布局

1）基本内容

新建、改扩建和迁建等不同建设类型在进行总体布局设计管理时需要考虑不同的侧重点，但是基本内容都包括：

（1）制订医院总体发展和建设规划。

（2）确定建设规模。

（3）选择建设基地。

（4）建筑总体布局和总平面布局。

（5）组织交通流线。

（6）功能流线以及业务动线等。

2）医院总体发展规划

（1）医院总体发展规划既要根据区域卫生规划、医疗机构设置规划、当地经济发展、服务半径、服务人群及疾病谱情况，又要考虑医院功能定位、历史和发展所形成的医院文化及专科特色等因素，同时也要结合医院近期、中期、远期发展规划。所有建筑除满足近期基本要求的前提下，均要考虑将来的可持续发展。

（2）完善的医院总体规划应该注意下列要点：

① 应提出配合城市发展并与医院现状结合的建设规划。结合资金财务、土地区位与医疗空间需求等方面的内容，全盘考虑，切勿盲目求大求高。

② 综合医院组成结构复杂，科室众多，相互间功能关系及密切程度各不相同。医院总体规划应该满足医疗护理、教学科研、后勤保障、院内生活与卫生服务等功能要求，合理分区使用。

③ 应架构良好的城市与院区环境空间，达到规划、交通、绿化、消防及环保等方面的综合要求。

④ 医院是一个经济性与持续性的医疗机构，规划要有规范的可行性论证，应着力于近远期总体蓝图，并努力执行，同时保留可能的发展弹性。既能满足现有需求，又能兼顾未来的发展。

3）医院总体建设规划

（1）总体建设规划落脚于医院硬件设施的规划建设。

（2）对医院建立全面的理解，掌握顺应时代发展的医院建筑规划布局的理念，为医院的建设发展制订清晰的框架。

（3）要体现发展意识，充分考虑到医院未来的发展及建筑和设备不断增加的需要、医疗技术装备的发展更新、医学模式的转变和医院管理方式的变化等对医院建筑的规划布局产生巨大的影响，实现医院的可持续发展和高适应特性。

（4）为了保持建筑设施和发展相适应，基本建设规划在空间、通道、能源及智能化等方面要有一定的超前设计，还应考虑实施的步骤与方案。

（5）需要预先设定合理的场地开发容量和强度，遵守土地综合利用和开发规划原则，最大限度地利用自然环境条件减少对能源的需求，科学合理地进行医院总体规划设计，实现医院的可持续发展和高适应特性。

（6）不仅需要规划新建项目，同时还要对保留建筑进行改造维修，提升其功能和水准。

（7）医院的规划既要考虑建筑物的空间造型、色彩、采光、通风，并安排设备空间、合理布局及流程，也要考虑医学发展的各种因素，还要考虑环境保护、可持续发展以及适应医院所在地区的气候特点等。

（8）如果是旧医院改造，需要考虑过渡措施，以减小对医院正常运行的影响。确实场地紧张时，可考虑钢结构等装配式建筑形式。

（9）需要体现医院的可持续发展，包括可生长性、功能模块化、空间模块化、交通组织网格化、尽端开放化。

（10）需要体现医院的以人为本理念，包括：注重关注人的生理和心理需求，注重领域感、归属感、成就感以及开放性、私密性等方面的内容，将人文关怀贯穿医疗、护理、服务和环境的全方位、全过程，最大程度地方便患者，为患者服务。

（11）不少历史悠久的老医院保存着大量优秀历史建筑，在进行医院总体建设规划时需要对这些建筑进行加固、保护。在优秀历史建筑的周边建设控制范围内新建、扩建、改建建筑的，应当在使用性质、高度、体量、立面、材料及色彩等方面与优秀历史建筑相协调，不得改变建筑周围原有的空间景观特征，不得影响优秀历史建筑的正常使用。

（12）规划时，还要对医院的经济实力和融资情况以及建成后的运行成本做分析与比较，应对建设成本和运行成本有清晰的了解，以确保规划得到落实。

（13）医院进行建设项目总体规划时需遵循以下原则：①统筹兼顾、合理布局；

②完善功能、满足需求；③突出重点、保持特色；④满足整体规划范围、适度超前；⑤整体规划、可持续发展；⑥以人为本、节能环保。

4）基地选择、建设规模确定与总体布局

（1）基地选择与建设规模确定需要满足《综合医院建设标准》（建标110—2008）等相关规定。

① 医院用地宜平整、规整，工程水文地质条件较好，符合环保和交通要求，便于充分利用城市资源，同时宜环境安静，避开污染及危害场所。

② 用地干净完整，尽可能无市政道路（或规划道路）、河道等将用地分开，地上无构筑物，不存在征转地拆迁问题（或已完成征转地拆迁），不涉及调整土地规划，地形方正且高差范围合理，避免不规则地形影响医院规划布局。

③ 用地不涉及占用林地、绿地，无地下河道，不占用河道蓝线，不在基本生态控制线范围内，不属于水源保护区，地下无压覆矿产资源，无地质不稳定和灾害隐患等情况；不存在使用海域，无航道、机场限高等影响。

④ 用地需避开污染源和易燃易爆物的生产、贮存场所；远离高压线路及其设施；尽可能不邻近学校等少年儿童活动密集场所。

⑤ 用地与周边住宅保持合理距离，优先选择处于密集住宅区下风向的用地，避免周边居民反对医院的建设。

⑥ 用地周边需有两条或以上能够满足承载能力的城市道路，便于医院内外交通组织；用地尽量靠近地铁、公交接驳站点，满足患者搭乘公共交通就医的需求。

⑦ 对于在已有院区进行新建、改扩建的，医院在进行基地选择时要认真考察医院目前用地现状、院区内已有建筑现状、道路系统现状及周边环境现状，以确定是否适合在院内新建医疗建筑或改扩建。对于在新址新建或迁建的项目，要充分考察基地周边道路交通系统状况、城市基础设施配套状况、地形地貌状况和周边环境是否会影响到医院运转，以及医院建设与运行对周边的影响。

⑧ 医院在设计任务书中需明确交代建设基地情况，并需对建设基地标高、基地主要出入口设置提出明确要求，基地标高建议偏高一些。

（2）医院的总体布局，要点如下：

① 医院的总体布局要遵从科学规划、合理用地、高效节能的目标。

② 合理的总体功能分区能将医院各相关部门设置在合理位置，使各类医疗流线、洁污流线、能源输送流线和工作医疗运行等合理便捷，降低运行与运营成本、提高工

作效率。

③总体布局设计应根据现代化医院的设计理念，以患者为中心，结合现代医疗流程、交通、动线及不同人流、物流分流的要求，做到动静分区、洁污分流、上下呼应、内外相连、集分结合和流程便捷，保证医院日常运转的便捷、安全、经济、高效和合理及与周边环境的有机结合，做到最大程度的资源共享，减少人流、物流对患者的影响。

④医院总体布局设计时要做到紧凑、科学、合理、有效。各医疗功能分区设计时要考虑未来发展空间；合理设置医院供水、供电、供气等能源中心，以最短的输送距离减少能源损耗；提高土地使用率、提高各部门的利用率、降低运行和运营成本。

⑤医院的总体布局还需考虑医院的文化、历史传承。

6.3.2 医院单体建筑设计

（1）需要考虑三大目标：高效的功能布局、适宜的公共空间、健康安全舒适的室内氛围。要实现这三大目标必须要贯彻"适用、经济、美观"的建筑方针，体现科学、高效、舒适、便捷、愉悦、安全的医疗要求，还要充分考虑沿城市道路的空间轮廓和城市形象、体现医院建筑特点及地域、文化特点，塑造医院的崭新形象。

（2）建筑设计应充分体现医疗建筑的功能要求，符合现代化医学的基本规律，具备相应的科学性、合理性和先进性，形成统一有序、层次丰富的空间界面，还应为今后发展改造和灵活分隔创造条件，体现医院建筑独特的建筑个性和明显的标识性，并且与周边建筑相互调和，达成和谐。

（3）进行建筑设计时还应注重细节，以现代的建筑语汇追求亲近人体尺度的细节设计，充分尊重使用者的心理感受，以亲切、宜人的姿态塑造地区内具有标志性和时代感的建筑形象。

（4）需要重点考虑平面及流线设计、空间设计及环境设计内容。如采用装配式，需要考虑装配式对功能平面设计的影响。

6.3.3 医疗工艺设计管理

1）医疗工艺设计内容

（1）医疗工艺设计通过对规划、医疗、护理及感染控制等方面知识的融合，将医院所需的各种门急诊、医技、病房和后勤保障等空间划分成一系列医疗功能单位，再将各个医疗功能单位组合成一个有机的整体。

（2）设计内容和考虑重点包括：

① 医疗工艺设计由医疗系统构成、功能、医疗工艺流程及相关工艺条件、技术指标、参数等组成。医疗工艺整合医院管理、信息、医疗和护理等需求并对其流程和技术条件进行功能性设计，是建筑设计的基础条件。

② 医疗工艺设计应重点考虑方案设计和条件设计。医疗工艺方案设计是后续编制可行性研究报告、设计任务书及建筑方案设计的依据；医疗工艺条件设计是医院建筑初步设计及施工图设计的依据，应在医院初步设计前完成，并与建筑设计深化、完善过程相配合。

2）医疗工艺设计阶段划分

（1）完整的医疗工艺设计从建设前期到医院运营均有涉及，分为六个阶段，分别是医疗策划、工艺规划设计、工艺方案设计、工艺条件设计、工程管理咨询和医院开办咨询，其中与医院设计前期工作对应的是工艺规划设计，与医院建筑设计工作对应的是工艺方案设计和工艺条件设计。

（2）医疗工艺规划设计。工艺规划设计是对医院功能和装备规划，包含以下工作内容：前期资料整理、医院规模及业务结构规划、管理方式与服务模式规划、功能单位及医疗指标测算、建设规模测算、功能房型研究、功能面积分配、医疗设备配置计划、医用专项系统方案策划、投资与运营管理方式策划及设计任务书编写。

（3）医疗工艺方案设计。工艺方案设计主要目标是确定符合医院合理有效的功能空间关系，完成空间指标和空间资源的结合，为各个医疗功能单元提供医疗功能房间组合方案。该部分主要包括：功能单位的梳理、工艺流程的确定、医疗设备和装备的配置、医用设施配置和信息系统设计等。功能单元的梳理和工艺流程的确定均有阶段性成果，并且最终将这些阶段成果整理成册，包括建筑功能平面图、主要医疗用房房型图、房间功能表、房间明细表、医疗设备和大型医疗装备配置计划表、医用专项系统技术要求和信息系统建设方案等。

（4）医疗工艺条件设计。工艺条件设计是将医疗要求具体化、详细化的工作。主要是在工艺方案的基础上，确定每个功能房间内部的医疗工作流程，并根据医疗工作开展的要求确立与建筑实现有关的设计条件，最终将这些条件反映到专项图纸的工作，包括大型医疗设备机房场地条件图、医疗特殊功能用房功能平面及场地技术要求、各专业点位图及主要医疗用房房间布置图等。

3）医疗工艺设计要点

（1）医疗工艺设计目标。总体目标是推动目标项目的规范设计、有序建设、健康落地，实现项目应有的建设价值，同时考虑流程优化、建设节能、以人为本，为实现医院项目的战略提供保障。

（2）医疗工艺设计原则，具体如下：

① 功能性。医疗建筑是典型的功能性建筑。医院建设项目功能多元，需要仔细分析、合理定位、有效实现。

② 规范性。医疗行业涉及生命与健康，尤其讲求严谨科学。既要重视建筑规范，还要关注行业规范、医院管理规范等。

③ 合理性。医疗建筑项目的合理性需要关注流程的合理性、功能组织的合理性、设施设备配置的合理性和设计与投资匹配的合理性，还有分步实施、分步使用的组织合理性，预留合理性。

④ 适用性。适用性包括员工、病患两个方面，是"以人为本"理念的体现。关注流程、用房布局对员工工作习惯、对病患就诊人性化体验的需求等。

⑤ 前瞻性。关注医疗建筑项目在战略上、学科发展上、特色发展上的前瞻性，关注管理服务模式的未来发展趋势，关注各类空间的预留，关注系统的维护和升级等。

（3）医疗工艺设计重点关注内容如下：

① 关注医院战略规划。医疗工艺策划是以医院战略为导向的，应重点分析医院的战略目标、战略定位、分阶段发展要求和医院管理运营模式等。

② 关注医疗行业规范。医疗建设项目必须满足已有医疗行业规范，并在医疗设计中落地，包括建筑、建设、感控、评审及验收等各方面的要求。

③ 关注医疗科技进步。医疗建筑项目应关注项目的经济发展条件，在可能的情况下积极引进已有科学技术成果，也要预留未来的发展可能。

④ 关注服务模式发展。应关注诊疗一体化模式、以器官为核心的科室设置模式带来的变化，应关注信息化带来的门诊服务、后勤服务、预约诊疗及费用结算等领域的变革。

⑤ 关注管理模式演变。应关注新医改带来改变对空间的影响，应关注数字化条件下带来的管理模式的改变，应关注未来对精细化管理的要求。

⑥ 关注病患需求与社会发展。生活方式的改变、社会进步、信息技术的高速发展带来了多元的病患需求。

⑦ 关注医护需求与工作习惯。患者的满意度很大程度上取决于医护人员的满意度，应优先关注医护人员工作空间的合理性、友好性，生活空间的舒适性，安全诊疗环境的落实等。

⑧ 关注医疗建筑各类规范。医院建设项目既有公共建筑应遵循的规范，还有如《综合医院建筑设计规范》（GB 51039—2014）等专门规范，应满足各类规范要求。医疗工艺设计中尤其要关注地方规范。

⑨ 关注国外医疗建筑演变。细分功能单元内的设计建设模式，人性化的细部处理，包括国外建筑演变的经验教训。

⑩ 关注设备设施的发展。设施设备材料发展迅速，医疗工艺设计中尤其应关注建筑设施设备的进步。

（4）医疗工艺设计的组织与协调如下：

① 在项目初始阶段，应将医疗工艺设计作为独立专业。医疗工艺专业人员应对医院的整体管理系统工作非常熟悉，综合考虑医院整体医疗活动的结构、步骤和各功能单元之间的关系；其次要了解和熟悉医院医疗服务发展方向；第三是需要了解医疗服务过程的医疗知识，特别是与建筑相关的设备条件。

② 在项目进度计划里，医疗工艺应按照目标及成果，分阶段向相应专业提资。医疗工艺成果目的是为建筑设计提供支撑，其进度计划应早于建筑设计，在各个阶段的进度计划中应确保建筑设计能够获得相应的提资。

③ 医疗工艺成果应根据不同要求，提交使用方、建筑师及各设计专业。

④ 医疗工艺设计是一项综合性、专业性非常强的工作，建议聘请专业的医疗工艺咨询机构或咨询顾问进行系统的医疗工艺设计。

⑤ 医疗工艺与建筑设计各专业之间属于伙伴关系，应有效协调，相互促进，共同推进项目的健康落地。

⑥ 医疗工艺设计师应及时在建筑各专业设计之前提出相关专业的任务，并及时互动交流；建筑各专业工程师应及时听取医疗工艺各专业对项目的需求意见和优化意见，并保持沟通，促进项目良性发展。

6.3.4 医院设备设施设计管理

医院的设备设施设计可分为给排水系统、电气系统、暖通系统、消防系统、交通系统、安防系统、医用气体、大型医疗设备、物流系统和标识系统等方面，具体见表6-3。另外还应考虑绿化与景观和节能环保设计。

表 6-3 医院设备设施设计内容汇总

相关系统	构成要素	具体内容
给排水系统	给水系统	给水水源一般接到城市市政给水管网；按需设置中央净水系统或末端净水设备
	热水系统及开水供应	根据不同功能区，设置合理的开水、纯水供应装置
	排水系统	排水系统依据生活排水量进行设计；污水排放水质需达到国家与地区的标准
	污水处理系统	参照《医院污水处理设计规范》和《医院污水处理技术指南》开展设计，注意安全性保障
净化系统	空气净化	考虑净化效果、成本投入和能源使用等，重点关注洁净空调系统
	手术室净化	充分重视设计、施工和运维要求
电气系统	强电设计	按建筑类型选择负荷等级，负荷等级按照《民用建筑电气设计规范》（JGJ 16）要求
	弱电设计	因地制宜，根据医院实际与需求，多方案比较确定最优设计
暖通系统	空调系统	门诊部、急诊大厅、医技部等功能用房设置分体空调；大型医疗设备房间配置精密空调
	通风系统	根据不同的需求分别设计
	防排烟系统设计	根据房间环境设置窗口及机械排烟系统
消防系统	防火、防烟分区	每个防火分区根据所在楼层和建筑用途、设置布置控制在一定面积范围内
	建筑防火构造	按《建筑设计防火规范》（GB 50016—2018）要求
	给排水消防	考虑消防水源、室内外消火栓消防系统、合理的灭火系统、消防排水和灭火器配置
	强电消防	考虑供电电源和应急照明
	弱电消防	设置消防安保控制室，内设火灾自动报警控制器
交通系统	组织便捷的建筑外部交通	考虑设置急诊"绿色通道"；突显医患分流；考虑人车分流，地上地下结合
	设计流畅的建筑内部交通	目标为：以病人为中心，流线清晰、联系迅速、医患分流和各领域互不穿越
安防系统	医院建筑安防系统原则及设计	既要解决建筑物内部环境、财务资产安全，又要解决建筑内部人员的逃生与安全问题
医用气体	气源供应系统	运输便利；保证安全，消除噪声和振动对周围环境的影响
	气体的使用终端	必须注意末端截止阀的质量
	医用气体的可靠使用与医院中心监控	医院中心监控系统对医用气体系统进行监视和控制

续表

相关系统	构成要素	具体内容
大型医用设备	甲类大型医用设备	如伽玛刀、质子治疗系统等，需报国务院卫生行政部门审核
	乙类大型医用设备	如 CT、MRI 等，需要报省级卫生行政部门审核
物流系统	运输和仓储	注重多种物流运输系统的特点和适用范围
回收系统	医疗废弃物回收系统	注重污染监控和废弃物回收过程的信息化监控
	垃圾回收系统	考虑垃圾分类回收处理要求

6.3.5 设计任务书编制

（1）设计任务书是使各专业设计人员从方案、初步设计到施工图全过程得到明确的指示，使设计能满足各项功能要求，以减少设计变更，提高设计效率和设计质量。

（2）当新建或改扩建医院建设项目被批准立项，获得正式批复的建设规模和投资规模之后，建设方需要进入设计文件编制阶段时，应安排编制医院建设的设计任务书。

（3）当医院需要对已有建筑或场地进行改造、扩建、修缮时，应当布置设计任务，交由专业人员进行施工图纸设计工作。

（4）要编制好设计任务书，需要做到：

① 医院决策者要提高重视度。

② 院方主要负责人要进行组织落实，组织各医疗科室的负责人并邀请有关专家，在征求广大员工意见的基础上，由具体经办的相关部门进行设计任务书的编制。

③ 任务书编制负责单位（或相关负责人）需将具体内容考虑周全，不仅要考虑总体布局及平面、空间、人流、物流和功能要求，还要进行成本分析和建设周期预估等，要把院方的意图和要求做明确的阐述。

④ 院方要如实反映医院的现状，包括现有建筑的面积、功能、使用情况及科室布局等。

⑤ 可以借鉴同级同类医院的建设经验。

⑥ 为了使设计任务书更符合医院院方要求，编制好的任务书可交由专家评审，一旦确定后不得随意改动。

（5）设计任务书表现形式如下：

① 简单的设计任务可以用委托函的形式提出，或以传真邀约、电子邮件告知，也可以直接在设计合同中陈述设计要求，只要承揽任务一方能明白所要承担的任务即可。

例如：委托编制用于申办规划设计条件的总平面指标图；帮助院方在现状中找出可以改扩建或拆除的旧建筑或可清空的场地，画出改扩建用地范围或室内改造空间范围；标准化设计任务，要求按某个规定标准进行设计，该标准已经描述了完整的建设要求，而建设方除此之外没有其他个性化要求；医院复苏室装修设计；医院配电房改造设计；大门、围墙设计。

② 对于规模大、有个性化要求的医院建设项目，必须编制专门的设计任务书。设计任务书根据建设方交办任务不同，主要包括：总体设计任务书、单体工程设计任务书、单项工程设计任务书。

（6）设计任务书的内容如下：

① 设计任务书应介绍医院学科设置、服务定位及项目概况等，提供设计条件、依据、标准，提出设计内容、要求、范围和深度。因任务不同，任务书的内容有所不同。

② 建筑设计任务书内容：建设目的、依据和设计指导思想；建设地点、建设内容与规模、规划设计条件（包括容积率、覆盖率、绿化率、建筑退线、道路机动车开口限制、古建筑保护要求、建筑限高、外形限制条件及日照要求等）和技术经济指标；场地建设条件、基础设施、四周建筑物、交通管制、供排水、供电、通信、能源及动力供应等情况；建设项目功能要求：应包括医院编制规模、医疗规划、工艺要求、医疗设备规划与场地空间要求、各科各部门感染控制要求、医疗设施（含水、电、通风、空调、气体、物流站点和信息点等）要求和工作人员岗位配备数量、班次等；防空、防震、环保、绿色和节能与循环经济等要求；设计周期及建设工期要求；投资造价控制额；图纸及文件要求。

③ 改扩建项目的设计任务书除了上述内容外，还应增加下列内容：改扩建建筑选址情况描述；既有建筑、构筑物与新建筑或改扩建建筑之间的连接要求；因局部扩建而引起新旧连接体共同装修改造的要求；运营当中的既有建筑在施工期间的使用防护要求；分步骤拆除及分步建设的要求；新建筑与既有建筑的风格（统一）、材料要求；原有室外管线因改扩建而需要增容改造的要求；原有污水处理站因改扩建而需要增容改造的要求；为改扩建创作而提供的现状条件图，弹性规划的发挥余地。

6.3.6 勘察设计招标管理

1）勘察招标工作要点

（1）医院建设项目的勘察招标一般在设计招标完成后，设计方案基本确定的情况下开展。勘察要求的目的性较强，需为扩初设计和施工图设计提供依据。

（2）获取勘察文件。勘察招标时，应要求设计单位提供准确的建筑总平面及拟建建筑物性质，明确建筑技术参数，包括医院建筑高度、医院建筑结构形式、基础形式、基础埋深等，以完成勘察文件的编制。此外，还要明确勘察服务的主要内容，包括收集分析已有材料、调查管线情况等。勘察文件包括以下几个方面：

① 查明场地和地基的稳定性、地层结构、地下水条件以及不良地质作用。

② 提供满足医院设计、施工所需的岩土参数，确定地基承载力，预测地基变形性状等。

③ 提出对地基基础、基坑支护、工程降水和地基处理设计与施工方案建议。

④ 提出对医院建筑物有影响的不良地质作用的防治方案建议等。

（3）确认投标单位的资质条件。勘察单位的专业水平和经验是勘察报告质量的保证，医院建设方需重点关注投标单位的资质条件、专业能力和经验。

（4）评标要点。勘察评标时，医院建设方的评标要点包括：勘察技术方案的合理性与可行性，保证勘察成果质量的技术措施和技术人员的力量配备；进度安排的合理性；满足招标文件要求，安全施工措施切实可行；勘察费预算依据及收费合理；与设计单位配合项目内容具体明确等。

2）设计招标工作要点

（1）明确医院项目拟建类型，以将设计要求与需求清晰地传达给参与投标的单位。拟建类型包括新建和改扩建。新建项目一般规模较大，建设用地面积比较宽裕，需充分考虑门诊部、急诊部、住院部和后勤保障等部门的功能规划分区，同时体现全新的医学模式和医疗资源。改扩建项目是根据医院发展和使用的需要，在旧址上对门急诊楼、医技楼等单体建筑进行改扩建，以提高医疗硬件设施水准和优化诊疗流程。一般用地规模较小，且需要边正常开展医疗服务边建设。

（2）依据医院需求，编写一份针对性强、规范的设计任务书。设计任务书是医院建设项目招标文件的核心内容。在编写设计任务书时，应充分考虑医院各部门、各科室的需求，同时整合医院发展规划、诊疗流程，对人流、物流、信息流做出合理安排。

（3）注重国内建筑设计单位的医院建筑设计能力，切忌盲目追求国外现代化医院设计模式，应充分考虑国内及医院实际情况。在学习借鉴国外经验的同时，需充分考虑我国国内及医院自身的医疗技术、管理水平和病人需求。项目招标时更应注重医院使用功能，并充分考虑卫生、节能、经济及美观等方面的要求。

6.3.7 设计目标控制与管理要点

1）设计阶段进度控制

（1）应在总进度计划的基础上，编写设计阶段进度计划，并制订进度计划管理措施。

（2）为了缩短建设周期，相关负责人员应进行合理安排，使设计进度满足项目报批、招标及施工等工作要求。

（3）设计阶段的进度控制主要包括两个方面：一是列出涉及所有设计内容的进度网络图，明确交叉设计的前后衔接或介入时间，对设计周期进行整体掌握；二是对关键节点进行重点控制，关键节点包括涉及审批的设计内容，例如：人防设计、深基坑支护设计这类出图时间长且调整较多的设计内容。

（4）在设计过程中，需要设立有关部门负责定期收集、分析和评价设计单位的设计进度报告，对设计单位的设计计划执行情况进行核查，并提出核查报告。当设计进度严重偏离控制目标时，相关负责部门应对产生偏差的原因进行调查，督促设计单位提出整改措施。

（5）医院项目的设计包含建筑、结构和机电等设计内容，也包括人防、基坑围护、智能化楼宇、室内二次装饰、幕墙和景观等专业设计，还有医用净化、医用纯水、医用气体、污水处理和物流传输等专项系统设计以及供水、供电、燃气等配套设计。项目管理方需要提前规划上述各项设计的启动时间、设计周期以及出图时间等，编制设计进度计划，避免设计漏项和设计滞后，保证总进度计划节点目标的实现。此外，尽量减少设计变更，以免造成设计对项目总进度的影响。相关负责人员应尽早发现问题，并组织各相关方提出解决方案。

（6）设计阶段进度控制具体关键点包括：

① 地下人防和基坑围护设计统一由设计单位进行管理，与主体工程施工图设计同步进行、同步完成，便于施工总承包招标时纳入其招标范围。

② 智能化设计在地下室结构开始施工前就要完成，便于管线的预埋。

③ 幕墙、钢结构设计在地下室结构完成之前完成，便于主体结构施工时预埋件的实施。

④ 考虑到手术室顶部风管孔洞的预留、吊塔预埋件的预埋等需要，医用洁净设施的设计要在手术室楼层结构施工完成前完成。

⑤ 由于室内二次装修设计的周期很长（功能调研周期长、效果确定周期长、定材定质周期长），应尽可能在桩机工程完成前开展该设计工作。

2）设计阶段投资控制

（1）设计阶段投资控制的主要内容包括：

① 根据方案设计编制项目总估算，供招标人确定投资目标参考；在初步设计的基础上，进行项目总投资目标的分析、论证。

② 在初步设计的基础上，进行项目总投资目标的分析、论证；根据方案设计审核项目总估算，供决策层确定投资目标参考。

③ 编制项目总投资切块、分解规划，并在设计过程中控制其执行。在设计过程中若有必要，及时提出调整总投资切块、分解规划的建议。

④ 编制设计阶段资金使用计划，并控制其执行，必要时，对该计划提出调整建议。

⑤ 审核项目总概算，在设计深化过程中严格控制在总概算所确定的投资计划值之内。

⑥ 对设计从设计、施工、材料和设备等多方面作必要的技术经济比较论证，如发现设计有可能突破投资目标，则协助设计人员提出解决办法，供决策参考。

⑦ 审核施工图预算，采用价值工程的方法，在充分考虑项目功能的条件下进一步挖掘节约投资的潜力。

（2）在设计过程中的各个阶段，进行投资计划值和实际值的动态跟踪比较，并提出各种投资控制报表和报告。

（3）设计阶段投资控制的主要措施包括：

① 优选设计方案及设计单位。在设计合同中，设立设计费付费的约束条款，即通过分段付款对设计单位进行限额设计的管控。

② 审核方案设计，优化估算。结合该项目的管理模式，对建设标准、规模、功能设置等进行技术论证。在初步设计的基础上，进行项目总投资目标的切块分析、论证，并在设计过程中控制其执行。

③ 推行概算审核制，设计单位上报概算之前由造价咨询（或跟踪审计、财务监理）进行审核。在审核设计概算的基础上，确定项目总投资目标值。

④ 对施工图设计从设计、施工、材料和设备等多方面进行必要的市场调查分析和技术经济比较；结合工艺技术方案和设备方案对工程管线布置进行审核，评价管线铺设方式的合理性。

⑤ 审核施工图预算，充分考虑满足项目功能的条件下进一步节约投资，按照土建工程清单核算。

⑥ 在施工图设计过程中，逐一进行投资计划值和实际值的跟踪比较，并提交投资控制报告和建议。一旦发现有超批复概算风险，在保证主要设备投资和满足基本医疗需求的前提下通过优化设计方案的方法平衡资金，以控制设计方重新调整投控目标值。

⑦ 广泛采用标准化设计、标准构配件和设施用具，集成化、工业化、装配式，节约建筑材料、降低工程造价。评估不同比率、不同部位的装配式对造价的影响。

⑧ 设计变更要经过技术经济比较等。

⑨ 推行并落实限额设计。

3）设计阶段的质量控制

（1）设计环节的质量管理直接影响最终项目的安全性和功能性，对于医院建筑质量管理和运行安全尤为关键。

（2）委托负责审查设计单位的全套设计文件的相关机构。该机构主要任务包括：

① 对于总体设计方案，要重点审查其设计依据、设计规模、工艺流程、设备配套、防灾抗灾、项目组成及布局等的可靠性、合理性、经济性、先进性和协调性是否满足医院的要求。若采用装配式，审查装配式设计是否符合相关规范要求。

② 对于专业设计方案，要重点审核其设计参数、设计标准、设备和结构造价、功能和使用价值等方面是否满足适用、经济、美观、安全及可靠的要求。

③ 在施工图设计阶段，应参加设计单位召开的专业协调会、技术方案研讨会等，了解和掌握所采用技术的合理性、先进性、安全性与经济性。

④ 组织对施工图进行审查，其中主设计单位由专业的审图单位审查，审查内容包括建筑、结构、给排水、电气、暖通、消防和节能等多个方面，对不符合强制性条文及相关规范要求的内容提出修改意见。专项设计单位的施工图审查由该机构另行组织或按照相关管理部门规定执行。

⑤ 要求该机构委派技术经验丰富的专业工程师进行审图，发现并提出、解决问题。对重要的细节问题和关键问题，如有必要建议组织专家论证。

（3）设计阶段质量控制的主要措施包括：

① 仔细分析设计图纸，及时向设计单位提出图纸中存在的问题。

② 对设计变更进行技术经济分析，并按照规定的程序办理设计变更手续，凡对工程质量带来影响的设计变更，需进行充分论证后进行。

③ 审核各阶段的设计图纸与说明是否符合国家有关设计规范、设计质量和标准要求，并根据需要提出修改意见。

④ 在设计进展过程中，审核设计是否符合对设计质量的特殊要求，并根据需要提出修改意见。

⑤ 若有必要，建议组织有关专家对结构方案进行分析和论证，确定施工可行性和结构可靠性，以降低成本、提高效率。

⑥ 审核有关水、电、气等系统设计与有关市政工程规范、市政条件是否相符合，以便获得有关政府部门的审批。

⑦ 审核施工设计是否有足够的深度，确保施工进度计划的顺利进行。

4）设计变更控制

（1）医院院方提出的变更。医院由于功能需求的改变或者其他原因可以提出变更申请并填写变更核定单，交由建设单位、代建单位和财务监理（如有）审核之后方可进行变更（不同项目可能有差异）。

（2）设计单位提出的变更。设计单位出于对施工图自我完善和补充提出变更申请。由设计单位填写变更核定单，经建设单位或代建单位或院方确认后，方可出变更图（或变更通知），经建设单位或医院院方确认后下发。

（3）施工监理单位提出的变更。监理单位要求对施工图或施工工艺做出变更，应先填写设计变更申请报告报建设单位或代建单位或院方审批，批准后通知设计单位做出变更。设计单位根据变更申请报告的要求合理做出变更，设计变更图（或变更通知）。

（4）施工单位提出的变更。施工单位要求对施工图或施工工艺做出变更，应先填写变更申请报告报施工监理审核，施工监理确认其有必要进行变更之后报建设单位或代建单位或院方审批，需征询设计单位确定该变更在技术上可行，同时需论证该变更引起的增减费用。

5）设计阶段其他管理工作

（1）对设计合同的管理。选择标准合同文件，起草设计合同及特殊条款，就投资控制、进度控制和质量控制及付款方式与设计单位对相关条款进行谈判。进行设计合同执行期间的跟踪管理，包括合同执行情况的检查。

（2）对设计图纸的管理。妥善保管各阶段的图纸资料，包括设计方案文本、初步设计及概算文本、招投标文件和施工图等过程资料。尤其要对变更图纸及设计变更单做好版本标记。

（3）设计阶段的组织协调。设计阶段是一个由多家单位、多个部门共同参与的生产过程，为了使这个复杂系统中所有参加元素有机结合、顺利运作，就必须在技术和管理两个方面进行有效的组织和协调。其保证措施是：

① 应设立或委托明确划分主设计单位和专业设计单位的设计界面，以利于在程序执行过程中减少不必要的责任推诿问题。

② 要明确主设计单位、专项单位与医院之间在设计工作方面的责任关系、联络方式和报告制度。

③ 加强与设计单位的沟通协调及配合。医院所有相关部门都会对建设项目有所要求或期待，相关的管理部门必须有足够的耐心和判断力，把医院各个部门的需求筛选后传达给设计单位，否则项目会在意见和调整间反复、停滞不前。

④ 积极与相关政府审批部门联系，协调项目报批工作。

⑤ 根据有关部门的规定，将各阶段设计文件送规划、环保、卫生防疫、环卫、排水排污、交通、消防、绿化、人防、管线监测、工务所和劳动保护等主管部门，以及电力、煤气、自来水、电话、通信、雨污水排放和垃圾堆放等市政配套部门审批，将审核意见反馈给设计单位，按上述部门要求修改图纸。

⑥ 如遇重大问题，组织专题会协调解决。

⑦ 协调设计单位在施工阶段的配合工作。

⑧ 做好设计交底工作。设计交底会议参与人员包括建设单位或院方、总设计方、设计分包单位（若有）、施工监理、财务监理、总包方和监测方等，由建设单位主持会议，主要围绕图纸答疑，相关单位提出问题，设计单位进行回复。

（4）技术规格书及其管理如下：

① 技术规格书是完整的设计文件的重要组成部分。

② 在不同阶段，技术规格书可能包括建筑分类体系和编码，产品信息资料、供应商信息、性能指标和样板、施工管理、施工质量要求。

③ 典型的技术规格书包括总体要求（如参考标准与规范、施工图深化要求、样品和样板工程要求、质量保证、运输存储和搬运要求、现场施工要求及备品备件要求等）、产品要求（如基础型号及供应商、主要组成、产品性能和配件等）和实施要求（如检测、施工工艺要求、施工容差、现场质量控制、调整与修补及保护等）。

（5）设计阶段的 BIM 应用，详见 7.5 节。

（6）设计管理注意事项如下：

① 设计阶段项目管理的核心任务并非是对设计工作的监督，而是通过综合采取技术、经济、组织及合同等各方面的措施，在项目早期对项目目标进行有效的控制，其

工作范围贯穿设计方案竞赛到施工图设计结束为止的全过程。

② 督促设计单位在确保质量的前提下，及时完成设计工作，使其设计成果在满足设计规程的基础上，充分体现建设单位或院方的意图，使工程真正达到在布置上紧凑，流程上顺畅，技术上可靠，生产上方便，经济上合理。

③ 督促设计单位及时做好扩初设计工作，提醒设计单位按规范和政策法规要求来进行设计。若采用装配式，需要考虑当前装配式的应用水平，以及对质量、造价、进度以及将来运维和改造的影响。

④ 督促设计单位在确保质量的前提下，及时完成施工图设计工作。根据批准的概算严格控制设计标准，严格论证设计变更。

⑤ 设计方案应该广泛听取医疗、科研、建筑、管理等方面专家的意见，吸收国内外的先进经验，不断优化，科学合理地设计医疗布局与流程，严格控制重点部位与关键环节的设计标准，确保各项功能正常发挥。

⑥ 对于技术标准和技术规范空缺的，需要开展课题研究及组织技术标准的制订。

6）贴建工程的新旧建筑融合设计管理要点

（1）建筑融合，包括新旧建筑的外立面设计风格协调，室内外装饰装修设计效果融合。对新旧建筑物融合后的日照、采光、通风等物理性能的统一优化设计。常常存在新旧建筑在某些楼层打通的情况，则会出现新建建筑的层高受限于旧建筑层高，由此而引起的相关问题，应在设计过程中加以重视。

（2）结构融合，在设计中应考虑新旧建筑基础的沉降变形、相邻结构之间的缝隙尺寸是否满足抗震要求、楼层打通情况下的结点构造等相关内容。

（3）机电设施融合，包括水暖电相关管线与设备的统筹设计、功能整合设计，设备用房的调整与再造设计，由于新旧建筑执行不同版本的国家规范、行业标准而引起的管线系统协调问题。

（4）景观绿化融合，新建医院建筑的景观绿化应与既有建筑的景观绿化进行一体化整合设计，春夏秋冬四季的景观皆应相互协调。

（5）市政管线融合，新建市政管线与既有市政管线应协调设计，新建建筑的各类室内管线应与新旧市政管线协调设计。

（6）医疗工艺融合，当新旧建筑的楼层打通，医疗功能重分布，医疗工艺融合设计，洁污流线和医患流线应进行优化设计。

（7）交通组织融合，包括地下室的车辆交通组织优化设计、楼层的人流和物流交通组织优化设计、楼层打通而引起的洁物污物运输路线共享和垂直交通组织优化设计。

7）BIM 在设计阶段的应用

在设计阶段，BIM 技术具有广泛的应用前景。BIM 技术在医院设计阶段的应用点及应用价值，详见 7.5.1 节。

6.4 前期评审、审批与配套管理

6.4.1 初步设计评审与审批

（1）工程建设项目的初步设计必须经国家有关部门和地方建设主管部门审批。初步设计的审批机关是市/区发改委。初步设计批准后，项目方可列入年度计划。

（2）初步设计审批要求各类设计文件齐全，总体设计和各专业设计符合相应要求。在送上级审查部门审批之前，设计单位、建设单位或项目管理单位等需要特别关注设计文件在以下几个方面是否达到相关要求：

① 设计是否符合国家及当地有关技术标准、规范、规定及综合管理部门的管理法规；

② 设计主要指标是否符合被批准的可行性研究报告或土地批租合同的内容要求。

③ 总体布局是否合理及符合各项要求。

④ 工艺设计是否成熟、可靠，选用设备是否先进、合理。

⑤ 采用的新技术是否适用、可靠、先进；是否适用于装配式，装配式评分是否达到要求。

⑥ 建筑设计是否适用、安全、美观，是否符合城市规划和功能使用要求。

⑦ 结构设计是否符合抗震要求，选型是否合理；基础处理是否安全、可靠、经济和合理。

⑧ 市政、公用设施配套是否落实。

⑨ 设计概算是否完整准确。

⑩ 各专业审查部门意见是否合理，相互之间是否协调。

（3）除了以上内容外，还需注意的是安保、劳保、环卫和无障碍设施等方面，包括：

① 对涉外项目的安保监视、防范、报警设计是否符合要求等进行审查。

② 对锅炉压力容器的设置、特种设备及非标设备的安全性能、操作岗位的劳动职业保护及高层建筑的外墙清洗设施等进行审查。

③ 对环卫垃圾清运方式，垃圾间大小、位置、高度及带路是否满足环卫车辆进出

等进行审查。

④ 对是否配套设计无障碍设施，是否执行设计规范和建设标准以及是否在工程概算中包括无障碍设施费用等进行审查。

（4）初步设计审批送审文件资料，包括：

① 工程建设项目可行性研究报告的批注文件（复印件）。

② 政府各职能部门的审核意见：如规划、消防、交通、环保及绿化等部门。

③ 外配套部门：水、电、电信部门审核意见。

④ 有设计资质的单位提供的全套初步设计文件。若为多家设计单位联合设计，应有总设计单位负责汇总的资料。若为境外设计，须提交国内设计顾问单位的咨询意见，初步设计文件必须加盖统一颁发的出图专用章。

⑤ 相关土地批准文件。

⑥ 其他。

（5）规划、消防、交通、环保、绿化、轨道交通、停车库、民防、抗震、卫生防疫、历史文物保护、医技防辐射、节能、煤气、给水、排水、电话和电信等审批要点不同，应总结各地区的管理规定、职能部门分工和审批流程，以提高各项审批的效率。

6.4.2 施工图审图

（1）建设单位应在完成施工图设计后办理施工图报审手续。施工图一经审查批准，不得擅自进行修改。如遇特殊情况需对已审查过的主要内容进行修改时，必须重新报请原审查单位批准后实施。建筑工程竣工验收时，有关部门应当按照审查批准的施工图进行验收。

（2）施工图审查内容主要包括：

① 建筑物的稳定性、安全性审查，包括地基基础和主体结构体系是否安全、可靠。

② 是否符合消防、节能、环保、抗震、卫生及人防等国家有关工程建设强制性标准和规范。

③ 是否按照经批准的初步设计文件进行施工图设计，施工图是否达到规定的设计深度标准要求。

④ 是否损害公众利益。

（3）建设单位办理报审手续时，应提供下列文件和资料的复印件：

① 规划管理部门核发的"建设工程规划许可证"。

② 批准立项文件、主要的初步设计文件及批准文件。

③有关部门对消防、抗震、人防及节能等专项审批意见书。

④工程勘察成果报告（详勘）。

⑤施工图设计全套图纸文件（结构专业计算书，注明计算软件名称及版本）。

⑥审查需要提供的其他资料。

（4）应关注各地区数字化审图趋势和具体要求。

6.4.3 专项评审

从编制可研报告到施工图阶段相关职能部门需要进行卫生防疫评审、环境影响评价、节能评估审查、防雷装置设计审核、防辐射评审、抗震评审、交通评审、轨道交通评审以及深基坑围护评审等多项专项评审。对一次性建成要求高、投入高、专业型强的内容，如后勤智能化系统等，也建议进行专项评审。

6.4.4 项目配套管理与报审

1）"一书两证"办理

（1）办理项目选址意见书。

（2）办理建设用地规划许可证。

（3）办理建设工程规划许可证。

2）其他审批办理

（1）办理项目报建手续。

（2）提出用电、给排水、燃气和通信等项目配套条件征询。

（3）办理项目节能审批。

（4）办理项目社会稳定风险审批。

（5）办理项目卫生监督、环境影响、民防等职能部门审批。

（6）办理施工许可证。

（7）办理其他建设专项审查，包括：绿化、消防、交通、防雷和水务等。

6.4.5 前期咨询单位的能力要求

（1）熟悉并了解国家及当地的各项法律法规、政策文件要求，确保项目程序上、内容上的合法合规。

（2）熟悉并了解建设标准，对其使用范围、条款内涵进行深入了解，根据不同医院的特点熟练运用建设标准进行分析。

（3）熟悉建设程序，指引建设单位或医院院方少走弯路，提前预见问题，提前采取措施予以应对。

（4）了解不同医院的特点，熟悉医院建筑功能布局。

（5）具有同类项目经验，拥有数据信息库，为前期咨询提供重要参考。

6.4.6 施工前准备阶段建设配套管理

（1）工程建设配套申请，主要包括供电（变更用电申请、临时用单申请）、上水（接水申请、临时施工用水申请）、排水（排水接管许可证明申请、排水许可证申请、临时排水申请）、燃气（燃气新装、燃气设施改动许可申请）、道路管线掘路、电信和智能化等方面。

（2）组织工程建设配套现场施工工作，包括但并不限于常规的给水、排水、通电、通路、通信、通暖气、通天然气或煤气以及场地平整等。

（3）组织场地（坐标、高程、临电和临水）移交，具体包括：

① 根据合同要求，组织移交场地，包括坐标、高程、临时用电和临时用水等，并做好相关记录及签字确认工作。

② 若在移交中，发现部分场地条件或设施不符合合同约定，则督促相关单位落实，并重新移交。

（4）组织规划验线，具体包括：

① 建设场地控制灰线测设后，要求工程监理单位进行复核。

② 符合要求后，组织规划部门进行验线工作。

6.5 招标采购管理

6.5.1 招标采购的原则

（1）由于医院具有规模大、工期紧、功能复杂等特点，在招标采购过程中，医院相关部门要特别重视前期的准备策划工作以及采购过程中的分析评审工作，根据不同项目特点选择最佳的工程参与主体。

（2）医院项目的招标采购必须严格按照国家和地方有关招投标的法律、法规进行，按照公开、公平、公正的原则择优选择。

6.5.2 招标采购的方式

（1）公开招标。是医院建设项目的主要采购方式。医院建设单位或委托代理机构以招标公告的方式进行公开招标，凡有兴趣并符合资格条件的供应商和承包商都可以申请投标。

（2）邀请招标。适合技术复杂、有特殊要求或受自然环境限制，只有少数潜在投标人可供选择或者采用公开招标方式的费用占项目合同金额比例过大的医院项目。可通过发出投标邀请书，邀请若干家预先确定的法人或其他组织参与项目投标，数量不少于三家。国有非盈利性医院公共建设项目，需审批部门批复才可采用邀请招标。

6.5.3 招标采购的流程

1）组建招标的工作机构

（1）医院建设单位可以根据实际情况成立相应的招投标组织机构。如果医院建设单位缺乏招标采购方面的专业知识和相关经验，可委托在医院行业领域有丰富经验的招标代理机构代表医院建设单位进行招标。

（2）招标工作机构的主要职责包括：审查投标单位的资质；审查招投标申请书和招投标文件；审定标底；监督开标、评标、定标和议标；调节招投标活动中的纠纷；监督承发包合同的签订、履行；否决违反招投标规定的定标结果等。

2）申请招标项目备案

（1）医院建设项目的立项批准文件或投资计划下达后，对于金额超过一定数量的项目，医院招标机构应根据相关规定，向当地有关部门机构申报备案并进行招标。对于金额数量较少的项目，可自行组织招标。

（2）项目备案内容包括：医院单位的资质条件、招标工程具备的条件、拟采用的招标方式和对投标单位的要求等。

3）编制招标文件

（1）医院建设单位依据项目特点，编制资格预审条件、招标文件和评标办法，经有关机构审查同意后发出招标信息。

（2）招标文件的内容主要包括：招标内容、招标范围、招标方式、开始／结束时间和对投标单位的资质等级要求等；投标书的编制要求以及评标、定标的原则和办法；投标、开标、评标、定标等活动的日程安排；要求缴纳的投标保证金额度等。

4）发布招标公告或投标邀请书

（1）若采用公开招标的方式，则应根据医院项目的规模和性质在医院建设单位官网或当地招投标网站上发布招标公告。内容主要包括招标单位和招标工程的名称、招标内容简介、投标单位资格、领取招标文件的地点、时间和应缴纳的费用等。

（2）若采用邀请招标方式，应由招标单位向预先选定的投标单位发出投标邀请书。

5）资格预审

（1）当投标单位数量过多时，医院建设单位可对报名参加投标的单位进行资格预审，选择入围单位，并将审查结果通知各申请投标者。

（2）资格预审主要内容包括：投标单位注册证明和资质等级；主要项目经历；质量保证措施；技术力量简介；资金或财务状况；商业信誉等。

6）向合格的投标单位发放招标文件及图纸资料

（1）资格预审通过后，医院建设方将招标文件、图纸和相关技术资料发放符合资质的投标单位。投标单位收到招标文件图纸和有关资料后，应以书面形式予以确认。

（2）招标文件一旦发出，医院建设方不得擅自变更内容或增加条件，确认需变更和补充的，应按照相关规定提前通知所有投标单位。

7）组织现场踏勘及召开招标答疑会

（1）必要时医院建设方组织投标单位进行项目现场勘察，了解现场环境情况，以获取投标单位认为有必要的信息。

（2）必要时组织招标答疑会，目的是澄清招标文件中的疑问，解答投标单位对招标文件和勘察现场中所提出的疑问。医院建设方对投标者提出的问题进行答复，并以书面形式发给各投标单位作为招标文件的补充和组成。

8）接收投标文件

投标单位根据招标文件的要求编制投标文件，密封加盖单位公章后在规定的时间和地点递交给医院建设方或招标代理单位。

9）组建评标委员会

评标委员会由医院建设方（或委托招标代理机构）以及有关技术、经济等方面的专家组成。各成员应从省级以上人民政府有关部门提供的医疗领域专家名册或招标代理机构的专家库内的相关专家名单中确认。对于一般项目，可采用随机抽取方式，对于技术特别复杂、专业性要求特别高的项目，可直接确定评审专家。

10）开标和询标

（1）由医院建设方主持，按规定的议程进行开标。

（2）评标委员会对商务标进行分析、审核，并可要求投标单位澄清投标文件的含糊概念和不确定因素。

11）评标

评标委员会依据平等竞争、公正合理的评标原则与方法，并结合医院项目实际情况与功能特点等方面进行综合评价，公正选择中标单位。

12）出中标通知书及签订合同

（1）评标结果确定后，医院建设方在规定期限内发出中标通知书，并退还未中标投标单位的投标保证金（如有）。

（2）医院建设方与中标单位进行合同谈判，并签订合同。

6.5.4 施工招标工作要点

（1）设置针对性条款。招标文件的项目概况应全面清晰地表述医院项目的特点、基地现状、施工条件和需要达到的质量目标。并预见可能出现的各种问题，如不利天气、材料涨价等因素的影响，有针对性地设定合理的招标条款。

（2）合理划分专业分包范围。针对医院基建项目专业系统多的特点，合理划分专业分包范围，如：消防工程、弱电工程、净化工程、变配电工程、污水处理工程和绿化工程等。明确总包的管理职责和范围。

（3）合理设定合同方式。医院建设项目一般采用固定单价合同方式，除一些子项（安全文明施工费等）为总价包干，其余均按实际工程量结算。如果医院项目图纸详细、技术要求明确、工程内容基本明确，也可采取固定总价合同。

（4）编制工程量清单。医院建设方以施工图纸为基础，依据《建设工程工程量清单计价规范》（GB 50500—2018）进行编制。一方面对照批准概算，合理确定项目清单中指定金额、暂定金额等各种费用，另一方面，根据图纸内容及施工图说明，尽可能准确地计算工程量，不漏项，详细描述项目特征。

（5）评标办法确定。由于医院施工招标部分涉及资金额大，评标过程中，医院建设方不应盲目追求低标价。一般根据"确定合理低价为最终的中标价"评标原则，并采用各种方法控制投标单位恶意报低价的情况，如对主要材料、人工费等内容设置约束条款，对重要材料、设备设施暂定价等。常见的评标办法有：

① 专家评议法。由医院建设方组织的投标委员会预先确定拟评定的内容，如工程报价、合理工期、主要材料消耗、施工方案和工程质量等项目，经过对共同分项的认真分析、横向比较和调查后进行综合评议，最终通过协商和投票，选择各项都较优良的投标人作为中标的候选人推荐给医院建设单位。

② 综合评分法。评标委员会事先根据医院项目特点将准备评审的内容进行分类，细分为小项并确定各类别以及小项的评分标准。之后根据投标书的评审予以打分，所有子项的得分之和即为该投标书得分。

③ 低标价法。低标价法以评标价作为衡量标准，选取最低评标价者作为推荐中标人。评标价并非投标人的投标价，而是将一些因素折算为价格后，如工期的提前量、标书中的优惠条件、技术方案导致的经济效益等，再评定投标书次序。但施工组织、管理体系、人员素质等因素无法量化成价格，因此低标价法必须建立在医院建设方的严格资格预审的基础上。此外，当医院建设方接受了最低评标价的投标者后，合同价格依然为该投标者的报价值。

6.5.5　专业分包招标工作要点

（1）招标方法的选择。医院建设项目中比较关键与重要的专业分包工程如弱电工程、手术室工程等，往往需要会同医院多个相关的部门、科室对招标技术规格要求进行讨论以最终确认，从而选择合适的招标方法。一般有方案招标和工程量清单招标两种方法，比较如表 6-4 所示。

表 6-4　专业分包招标方法

	方案招标	工程量清单招标
医院前期准备工作	提供招标技术要求、招标图纸	提供施工图纸及相应的工程量清单、招标技术要求
评标细则	在评比材料、设备的选择及技术性能的同时，投标人的方案总体思路、方案图纸深度也是评标的重点考虑因素	不存在方案、图纸的评比，仅对投标工程量清单报价的合理性、规范性以及材料、设备的选择及技术性能进行评比
合同类型	总价合同：投标人的报价不仅限于自己的专业方案设计和图纸内容，还应包括可能中标后进行专业深化设计后的全部工程内容的费用报价。在招标人提出设计变更而发生数量变化的情况下，实行总价包干	单价合同：根据工程量清单变更计价的一般原则执行，即已有单价按已有单价执行，类似单价按类似单价换算后执行，没有单价报发包人审批
投资控制风险	相对较小：类似交钥匙工程，中标人包工、包料、包工期、包质量、包第三方检测、包验收和包安全	受招标工程量清单的准确率影响
优缺点	优点：医院建设方前期工作量较少，整个招标周期较短； 缺点：评标受评委主观性影响，中标后以及项目实施过程中需要不断深化	优点：优胜劣汰，投标人竞争充分，中标后项目较易推进； 缺点：对工程量清单的准确率要求高，医院前期工作量较大，整个招标周期较长

（2）招标计划的编排。在医院专业分包招标中，设计需要配合总包土建预埋、配管的项目应安排在前期进行招标，如消防工程、弱电工程、污水处理工程等。以设备为主的专业分包可以适当延后，如医用气体、屏蔽工程等。部分专业分包中设备的技术参数与总包的土建工程密切相关，如手术室、多联空调、电梯等，在编制招标计划时也要充分考虑，避免影响总包进度。专业分包招标的一般顺序如下：

① 施工准备工程在前，主体工程在后。

② 制约工期关键线路的工程在前，施工时间较短的工程在后。

③ 土建工程在前，设备安装在后。

④ 结构工程在前，安装工程在后。

⑤ 工程施工在前，货物采购在后，但部分主要设备采购应提前，以便获取工程设计或施工的技术参数。

6.5.6 施工监理招标工作要点

（1）确定监理单位资质和能力。施工监理招标最重要的内容是对监理单位及其拟派的监理团队能力的选择。医院建设项目涉及建筑设计、医疗装备、医疗流程和空气环境等多方面的综合指标，监理单位的经验和能力是招标工作的重点。包括：

① 一般要求投标单位及监理工程师提供以往所承担项目一览表，以便确定对应医疗领域经验是否对招标项目今后的施工监理实施有帮助。

② 有相应的专业技能，配备足够的专业人员。专业技能主要表现为各类技术、管理人员的专业构成及等级构成、工作设施和手段以及以往工作实践。专业人员的专业工种和数量要满足承担监理任务的工作量，一般要有建筑、结构、民防、暖通、给排水、电气、设备（电梯等）、消防、弱电、幕墙、造价、安全及监测检测等方面的专业人员。

③ 施工监理单位在管理技术、诚实、公正等方面有良好声誉。

（2）明确施工监理工作范围与工作职责。

6.5.7 工程总承包招标工作要点

（1）工程总承包招标需要做好前期准备工作，包括定位研究、建设规模和内容研究、建设标准研究、建设方案研究和投资估算等，除6.1节、6.3节和6.2节相关内容外，尚需注意：

① 建设规模和建设内容需要尽可能细化。

② 对建设标准进行清单式明确，包括医疗专项基本技术要求，墙、地、顶等各种

装饰材质规格、品牌和档次，机电设备材料的主要参数、指标、品牌和档次，各区域末端设施的密度，家具配置数量和标准等。

③投资估算需要适应工程总承包模式，可以参考《房屋建筑和市政基础设施项目工程总承包计价计量规范（征求意见稿）》进行编制。

（2）工程总承包的招标应执行《中华人民共和国招标投标法》《中华人民共和国招标投标实施细则》和住建部〔2016〕93号《关于进一步推进工程总承包发展的若干意见》等，具体细节可以参考上海市和深圳市相关招标及评标办法。

（3）招标人应向投标人提供已经批复的可行性研究报告或者初步设计文件，招标人不提供工程量清单，由投标人根据给定的概念方案（或设计方案）、建设规模和建设标准，自行编制估算工程量清单并报价。

（4）招标人应谨慎定标，投标人的工程总承包管理能力、履约能力、深化设计和投标报价是定标的重要依据。

（5）工程总承包招标时间应长于传统的施工招标时间，发包人确定合理的招标时间，确保投标人有足够时间对招标文件进行仔细研究、核查招标人需求、进行必要的深化设计及风险评估和编制估算工程量清单等。

（6）合同文本可以参考国际咨询工程师联合会（FIDIC）《设计采购施工（EPC）/交钥匙工程合同条件》《生产设备和设计－施工合同条件》和《建设项目工程总承包合同（示范文本）》（GF—2011—0216）拟定。

（7）计价模式宜采用固定总价合同，除合同约定的变更调整部分外，合同固定价格不予调整。

（8）以暂估价形式包含在总承包范围内的工程、货物、服务分包时，属于依法必须招标的项目范围且达到国家规定应当招标规模标准的，应当依法招标。暂估价的招标可以由建设单位或者工程总承包单位单独招标，也可以由建设单位和工程总承包单位联合招标，具体由建设单位在工程总承包招标文件中明确。

（9）费用支付的约定根据费用构成分类、采购计划和实施进度进行约定，费用分为勘察设计费、建筑安装工程费、设备购置费和总承包其他费用，不同类型的费用采用不同的支付方式；设备采购按照总包方的采购计划支付；建筑安装工程按照实际进度支付。

6.5.8 设备及大型医用设备采购工作要点

（1）医院建设项目暂估价部分中涉及设备的一般有：电梯、锅炉、空调、柴油发电机、配电箱、热泵机组、雨水收集、太阳能和机械停车等。暂估价中的设备如果是列入政府集中采购目录的，应委托集中采购代理机构进行采购。

（2）设备招标采购重点包括：

① 设备的标准化水平。设备标准化水平体现在设备的通用性、可替换性和备品备件的易得性。采购的设备标准化水平越高，其使用成本和替换成本就越低。

② 设备的技术性能。性能指标是设备的重要参数，在相同功能下，医院建设方应当选择合理的性能指标。过分追求高性能会导致成本增加，不利于项目成本控制，但较低的性能指标会造成使用效率低下和使用成本过高。

③ 设备的节能环保指标。设备采购过程中应积极关注具有先进节能与环保技术的设备，并引导投标人采取技术可行、经济合理和医院建设方可以承受的措施，从设备生产到消费的各个环节降低消耗、减少损失和污染物排放，有效合理地利用能源。

④ 设备的使用成本。包括全生命周期的运行成本、维护保养成本、维护改造成本、故障成本和废弃成本等。

⑤ 设备的节能环保指标。可加大节能环保指标的评标分值权重。

⑥ 其他事项。不得使用无合格证明、过期、失效和淘汰的大型医用设备，不得以升级等名义擅自提高设备配置性能或规格，规避大型医用设备配置管理。同时严禁引进境外研制但境外尚未使用的大型医用设备。

（3）大型医用设备招标采购条件。大型医用设备的管理实行配置规划和配置证制度。其中，甲类大型医用设备由国家卫生健康委员会负责配置管理并核发配置许可证；乙类大型医用设备由省级卫生健康行政部门负责配置管理并核发配置许可证。

（4）医疗机构获得"大型医用设备配置许可证"后，方可购置大型医用设备。

6.6 进度管理

6.6.1 进度计划体系

（1）医院建设项目进度管理贯穿前期、设计、施工和开办等全过程，涉及建设单位、代建单位、设计单位、施工单位、材料设备供应单位及行政主管部门等，这些单位在进度管理中具有密切的联系，同时在不同阶段又承担着不同的任务。

（2）编制总体进度计划，并根据项目实际情况逐层分解，分别编制项目子系统进度规划和项目子系统中的单项工程进度计划等，逐层确定项目工程进度目标，由不同深度的计划构成进度计划系统。一般而言，可形成三级计划体系。

6.6.2 进度计划编制

（1）一级进度计划是指项目总体进度计划，根据项目进度目标，对任务的初步分解，使进度计划的描述容易理解和便于识别。并且，作为进度控制基准，是后续进度管理的指导性文件。项目总体进度计划利用里程碑，横道图以及节点表来表达。

（2）医院建设项目的一级进度计划里程碑包括：项目建议书批复、项目可行性研究批复、扩初设计批复、规划许可证、项目开工、桩基及围护结构施工、地下结构施工、出土±0.00、地上结构施工、结构封顶、装饰装修工程、安装工程、项目竣工及开办等。

（3）二级进度计划是在项目总体进度计划的基础上编制的，总体上满足一级进度关键控制节点和里程碑进度要求。二级进度计划会明确指出建设项目中的关键线路及各活动之间的逻辑关系，可操作性更强，承担控制性功能。

（4）二级进度计划可包括：项目前期计划、项目施工计划、项目招标计划、项目专业分包招标计划、项目竣工验收计划和甲供设备材料进场计划等。

（5）三级进度计划是根据二级进度计划中的各项活动的专业特点进一步的细化，按照该活动的开始和完成时间要求，将该活动分解为更细分的工作，其深度必须满足具备指导实际工作的作用。总体来说，三级进度计划管理是以实现总体进度为目标，控制关键线路为关键。

（6）根据需要编制及控制其他各类不同的分进度计划，包括：

① 按阶段分，包括年度、季度、月度等进度计划，用于控制各参与单位按计划完成本阶段工作。

② 按专业分，包括土建、钢结构、机电、幕墙、电梯和二次装修等专项工程计划，用于控制各专业施工单位按计划完成各项工作。

③ 按工程部位分，包括地下室、塔楼低区、塔楼高区、裙房等区域性进度计划，用于控制各区域施工单位按计划完成各项工作。

④ 按业务分，包括规划设计进度计划、招标采购进度计划、成本控制计划、深化设计计划、施工进度计划和调试验收计划，用于控制各参与单位按计划完成各项工作。

（7）应重视 BIM 技术在计划编制和论证过程中的应用，例如 4D 技术和软件工具的应用，具体见 7.5 节。

6.6.3　进度计划检查与调整

（1）项目进度控制必须是一个动态的管理过程。相关部门运用动态控制原则控制进度，使得进度计划的编制、执行、跟踪检查、比较分析及调整过程形成一个动态的循环系统。

（2）进度计划的检查应具有相应的制度支撑，形成进度专项报告（年度、季度、月度和周等）和汇报机制。

（3）进度计划检查后应对工期目标的实现进行风险分析，提出针对性的措施建议。

（4）对于一级进度计划的跟踪、检查、分析和调整来说，相关部门在可研阶段前介入，在项目经理到岗后，制订开工前阶段的总体进度计划。并在可研审批后，调整原有计划，确定精确度较高的进度计划。在施工单位进场后，施工单位按照施工流水、施工顺序及投标工期编排施工总进度计划。相关部门将施工单位编制的总进度计划中的关键节点，纳入项目总体进度计划中进行管理，并定期地进行调整和修改。

（5）进度计划的跟踪和检查可辅助使用现代信息技术手段、项目管理平台和 BIM 技术，具体见 7.5 节。

6.6.4　进度管理要点

（1）在设计过程中，首先需要与医院进行充分沟通，了解医院的功能需求和定位，协助医院提出需求，帮助设计单位开展设计工作，加快设计进度，减少后期因医院方的需求问题引起的设计进度变化。

（2）提前规划方案设计、初步设计、施工图设计，人防、基坑围护、智能化楼宇、室内二次装饰、幕墙和景观等专业设计，医用净化、医用纯水、医用气体、污水处理、物流传输等专项系统设计以及供水、供电、燃气等配套设计的启动时间、设计周期以及出图时间等，编制设计进度计划，避免设计漏项和设计滞后，保证总进度计划节点目标的实现。

（3）医院建设项目的报批内容比一般公共建筑多，前期报批工作的推进不利，会对总工期造成较大影响。相关部门在前期申报过程中应该先后向规划局、消防局、水务局、交运局、供电局、电信局、燃气公司、抗震办、防雷办、卫监所、疾控中心、市政部门、环保部门、民防办、绿化局、交警总队、地铁运行公司和招标办等多个部门请示汇报、联系协调以及申请批复，使项目扎实推进，如期开工。

（4）招标采购计划的编制要与工程总进度计划相结合，根据总进度计划中的各专业施工进场时间推算合理的单项招标启动时间。结合当地招投标流程所需时间编制招标计划。需要注意的是，相关部门应该对部分影响后续施工的招标内容进行提前招标，例如：

① 在施工图出图阶段，为了确保桩位图的准确性，提前对项目污水处理站、电梯、锅炉和冷冻机等进行公开招标。

② 较早地确定政府采购的电梯、冷冻机、锅炉等设施的技术参数。

③ 在总包进场后对玻璃幕墙、弱电等专业分包提前招标，避免施工滞后、设计变更导致的资金浪费。

（5）应监督施工单位制订合理的进度计划，至少每月向医院院方汇报项目进展情况，复核总分包单位分别编制的各项单体工程施工进度计划之间是否相协调，专业分工与计划衔接是否明确合理。

（6）应要求施工单位定期更新进度计划，以经过施工监理审查、统一的施工总进度为基础，以报告日为截止日期，将现场的实际情况反映在施工总进度上。这种定期更新的进度计划，经同意和确认后可作为记录进度，并成为进度评价和工期延误评价的基础。

（7）应定期检查施工现场进度的实际完成情况，在上下道工序交接过程中及时组织人员对上道工序进行验收，保证下道工序的正常施工，促进施工进度及时完成。同时，及时提醒总包单位施工进度滞后的工序，督促其采取有效措施抢回拖延的工期。

（8）因为医院项目专业分包多，应将专业分包的进度也纳入总包进度计划体系，各项工作配合开展。相关部门应参加总包对分包的专题会议，要求总包及专业分包单位对照计划，列出每周计划完成工作量、实际完成工作量、未完成原因分析、赶工措施及需要协调的事项。

（9）要求供货方提前确定送货时间，确保供应商严格执行供应计划；装配式建筑需要注意预制构件生产和运输计划。

（10）医院工程有大量的医疗设备，对结构、进场路线、吊装口及装修等均有特殊要求。相关部门应根据施工进度计划编制医疗设备的预留预埋计划和进场计划。

（11）资金供应满足进度需要的安排。

（12）督促施工单位在冬、雨季施工前编制详细的雨季施工方案，做好事先准备和预防措施并对材料和特殊设备进行妥善保管。

6.7 投资控制

6.7.1 投资控制原则

（1）全面控制，包括：

① 全过程投资控制，从项目立项阶段开始，经过设计、施工准备、施工阶段，到竣工交付使用后的保修期结束，整个过程都要实行投资控制；

② 全方位投资控制，不能单纯强调降低成本，必须兼顾到质量、进度、安全等方面；

③ 全员投资控制，调动建设单位和各参建方的全部员工的积极性，让每个参与项目的人都形成投资控制意识，承担投资控制责任。

（2）责、权、利相结合，在确定项目经理和制订人员岗位责任制时，做到人事安排过程中责、权、利相结合。

（3）节约原则，包括：

① 严格控制成本开支范围、投资开支标准，执行有关财务制度，对各项成本投资的支出进行限制和监督；

② 优化施工方案，进行价值工程分析，提高综合管理水平；

③ 采取预防成本失控的措施，防止发生浪费。

6.7.2 投资控制目标

（1）投资控制总目标。投资概算一旦批准，不得随意突破，并作为项目建设过程中投资控制的总目标。

（2）投资控制分目标，包括：

① 为了确保项目实际投资不超概算，需要将整个概算投资分配到各个工作单元中去，各个工作单元中的概算投资就成了工程项目的分目标控制值，并根据实际情况，进行必要的调整。

② 在项目实施过程中，造价咨询（或跟踪审计、财务监理）不断地将实际投资值与投资控制的目标值进行比较，并做出分析及预测，加强对各种投资风险因素的控制，及时采取有效的投资控制措施，确保项目投资控制目标的实现。

（3）医院建设项目投资估算构成包括工程费用、工程建设其他费用和预备费三部分，典型的估算构成见附录 C。

6.7.3 投资控制措施

1）项目前期策划阶段的投资控制措施

（1）做好项目可行性研究，包括：

① 在投资决策之前，对拟投资项目应部署对专项专业技术、市场、财务、经济效益和社会等方面的调查研究、分析比较、效益测算，为项目投资决策提供科学依据，进而通过最优方案的选定，避免投资的盲目性，提高经济效益。

② 建设单位必须事先通过项目财务评价平衡最终建成后的成本，以达到预期收益目标。

③ 全面的风险分析需要对潜在收入、利率变化、项目延期产生的额外影响进行综合性分析。

④ 参照已往同类医院项目经济技术指标，审查投资估算内容是否完整、指标选用是否合理，提出投资估算优化建议。

（2）编制科学的投资估算，包括：

① 投资估算要做到科学、合理、经济，不高估，不漏算。在审查投资的过程中，应严格执行项目的立项审批度和程序。

② 对可研投资估算超过项目建议书投资匡算的项目，应重新组织项目的可行性研究和论证。可行性研究报告上报前对估算进行专项审核。

③ 保证投资估算和设计方案的一致性和匹配性。在满足医院基本建设标准的前提下，可研阶段设计方案是对立项阶段设计方案的细化和进一步的论证和优化。

④ 建设单位（代建方或项目管理方）在此阶段建立投资台账尤为重要。将可研估算与批复的项目建议书匡算对比，一方面体现投资演变的可追溯性，另一方面将可研的规模、标准作为后续设计工作的指导，预防后续设计的规模、标准超过可研的水平。

⑤ 注意新技术、新模式、新装备和新服务等投资估算的影响，例如装配式、智慧医院系统、BIM 技术应用等。

⑥ 开展动态投资估算和预测。三级医院建设周期长，期间物价指数上升、工资成本提高，投资估算的基本预备费可能不足，造成建设项目竣工后实际投资超中标合同价、超设计概算情况较为普遍。因此，投资决策阶段投资估算应有科学性、合理性、前瞻性，注重同类工程项目的投资估算的调研，预测工期对投资的影响，建立动态投资估算和预测体系。

（3）调研类似大型医院建设项目概算指标实施情况，关注类似项目概算指标实施情况，学习经验，吸取经验。

（4）建立造价咨询（或跟踪审计、财务监理）制度，包括：

① 作为项目投资管理的主要责任人，造价咨询（或跟踪审计、财务监理）在可研阶段即介入项目投资控制管理工作。

② 造价咨询（或跟踪审计、财务监理）对上报投资应进行预先审核，分解切块分析，合理设定投资目标控制值。

③ 完成的投资审核报告中应对投资控制重点、要点和相应投资控制有详尽分析对策，以确保投资估算和设计概算的正确性和指导性。

（5）充分享受政府给予的优惠政策。了解国家及地方给予的优惠政策，充分享受政府的减免，例如教育费附加等。

2）设计阶段的投资控制措施

具体见 6.3.7 小节中的第 2）点内容。

3）招投标阶段的投资控制措施

（1）注重招标文件中工程量清单的编制工作

① 按《建设工程工程量清单计价规范》（GB 50500—2018）要求采用工程量清单招标方式，应严格执行建设程序；招标工程量清单的编制必须科学合理、内容明确且客观公正。

② 招标工程量清单需要以审定的施工图、投资概算和投资标准为基础来进行编制，分部分项要合理，项目特征和量价要准确。

③ 招标工程量清单强调设计资料的完整性，必须按照国家、地方有关部门的规定和设计规范提供招标范围内的完整图纸和相关资料，并要求勘察和设计单位提高勘察和设计的深度和精度，避免出现因地质条件变化导致中标施工方案变更、因设计缺陷导致设计变更，降低索赔风险。

④ 在招标工程量清单的编制过程中，为了分析设计变化引发的造价变化情况，需建立招标工程量清单汇总表，将清单和设计概算进行逐条对比，找出主要投资差异，使得投资变化有可控性、可追溯性。在表中还要对中标单位的商务报价进行回标分析，达到提早发现问题的目的。

（2）做好招标回标分析，主要包括：

① 根据招标文件的要求，核查投标文件是否实质性响应招标文件，以及投标报价的合理性和完整性。

② 将已开标的投标总报价从高到低按顺序排列，随后根据评标办法设定甄别异常报价的办法，最终确定进入回标分析的投标单位。

③ 在排序时需分列出总报价中分部分项工程、措施项目和其他项目报价，找出报价偏低甚至漏报内容，向投标单位做好询标工作和调价建议。

④ 最终招标代理单位把商务回标分析结果汇总后以书面形式，提交评标委员会作为评标依据。

（3）防止恶意低价竞标，主要包括：

① 招标准备阶段，招标人或受其委托具有相应资质的造价咨询单位应严格执行建设程序，重视投标报价基础资料编制质量，从源头杜绝恶意低价竞标。

② 商务标评审办法需要注重可操作性：对投标人未实质性响应招标文件的商务报价应有明确的评审办法，并尽量避免模糊用词。

③ 标后阶段，强化工程标后监管措施，建立标后监督管理的长效机制。

④ 加强合同管理，签订相关施工合同时首先必须严格执行国家的有关法律法规和相关管理规定；不得违背招标文件实质性条款，整理招标文件与投标文件（要约与承诺中）的差异，对询标中的承诺在合同谈判时作进一步明确。

⑤ 建立严格的设计变更和签证程序，以及材料置换审制度，同时为防止恶意低价中标人通过材料置换达到二次经营目的，强调置换材料价执行投标时下浮率。

4）实施阶段的投资控制措施

（1）建立实施阶段的动态投资控制机制

① 对照批复概算将项目总投资分类、细化，将项目投资总目标分解为分项控制目标值，并赋予分级编码，形成实际投资概算对比月度分析表。在实际运用过程中通过对比每一个分项的批准概算、施工图预算和预计实际投资得出该部分是否超概，如果超概需要明确实际投资超概的主要原因。

② 在总投资不突破的前提下以及各分项投资控制目标值在保证安全、质量、进度和满足建设方使用功能要求的前提下，可利用价值工程等方法随项目进程作适时调整，强调动态平衡。

（2）严格控制工程变更

① 建立健全变更控制体系。在项目管理大纲中制订工程设计变更管理规定以及项目设计变更申报制度，加强对工程施工阶段的施工图管理，合理控制设计变更，减少因设计变更带来的造价增加或延误施工工期，全面确保项目工程质量、进度和控制项

目预算。

② 加强变更的批准审核管理，对承包商提出的变更，进行现场考察，然后确定变更的必要和费用，符合实情方可批准；对医院提出的设计变更要求，由项目医院建设主管部门填写设计变更申告批，批准后通知设计单位做出设计变更，经建设单位或院方确认后下发，规定变更审核批准期，对于没有及时提交审核的变更不予确认。

③ 依据变更提出方进行分类控制，不同变更有不同的变更流程。但无论是哪一方提出变更，都需要通过医院建设主管部门、建设单位（代建单位）、造价咨询（或跟踪审计、财务监理）和其他相关单位的审核。

（3）严格现场签证管理，随时掌握工程造价变化

① 按照国家和省、市有关政府投资项目工程变更签证的规定，结合项目实际，制订签证制度。

② 在施工过程中，加强现场施工管理，督促施工方按图施工，严格控制变更洽商、材料代用、现场签证、额外用工及各种预算外费用。

③ 在现场签证单上进行会签，应重点复核该签证是否属实，费用计算是否符合合同条件以及是否已包括在原合同单价范围之内。

④ 现场签证变更价应遵循以下原则：合同中已有适用于或类似于变更工程的价格，按合同已有或参照类似价格变更合同价款，办理经济签证；合同中没有适用于或类似于变更工程的价格，由施工单位按照合同规定，提出适当的变更价格，报请监理和建设单位办理经济签证。

（4）合理确定材料设备的价格，包括：

① 属公开招标的材料、设备合理设定限额价，按公开招标程序进行预订。

② 属批价的材料、设备，要组成批价小组 [由医院建设主管部门人员、代建单位、工程监理、造价咨询（或跟踪审计、财务监理）、设计、总包、监管人员组成] 对照批准概算，参照材料信息网，通过内部评议、集体讨论制从质量、价格、服务、付款和工期等方面来排序名次，最后决定中标单位。

（5）索赔管理，包括：

① 索赔必须以合同为依据，注意资料的积累，以便索赔事件发生后，对索赔证据进行以下五个方面内容的审核：真实性、全面性、关联性、及时性和具有法律证明效力。

② 加强索赔的前瞻性，项目管理在实施过程中对可能引起的索赔要有所预测，及时采取补救措施，避免过多索赔事件的发生而造成工程成本上升。

5）竣工验收阶段的投资控制措施

（1）应严格遵循合同和国家相关文件，必须审核工程结算编制依据，即审核结算资料是否齐全、是否符合审价要求。

（2）需审核工程结算书的真实性、可靠性和合理性，凡属合同条款明确包含或是在投标时已做出承诺的费用、属于合同风险范围内的费用及未按合同条款执行的工程费用等额外投资必须坚决剔除。

6）价值工程在投资控制中的应用

（1）方案评价。即在多方案中选择价值较高的，基于多指标对方案进行价；

（2）寻求提高价值的途径。价值工程应用的重点在项目决策与设计阶段，因为这两个阶段是提高建设项目经济效果的关键环节。

7）BIM技术在投资控制中的应用。应加强BIM在前期、设计、招标、施工及验收等阶段中投资控制的应用，具体见本书7.5节。

6.7.4 财务管理

1）财务管理制度，包括：

（1）财务管理交底制。结合项目实施的具体情况，按项目进度推进进行阶段式项目财务管理工作的交底。

（2）预警报告制。在建设过程中，不管项目处于哪个阶段，作为项目财务管理人员，要求一旦发现与投资、支付有关的问题或存在的风险，就及时按程序向有关方面进行报告。

（3）审计前准备工作制。科学总结以往被审计项目的经验及教训，整理出审前调查资料清单，预测可能面临的问题，同时将其分解并落实到参建的各相关责任方。

（4）审计后支付管理办法。鉴于项目建设后期因种种原因致使竣工财务决算无法及时批复、合同尾款迟迟难以结算的情况，制订合理的审计后支付管理方案，主动积极地化解审计后支付过程中可能出现的问题，规范支付程序的同时主动积极地化解矛盾。

（5）移交制。将项目建设最后形成的成果性文件资料——账面资产、会计档案，根据当地医院建设工程项目管理的特点，综合考虑移交程序、资料、参与方等方面要求，设计有关交付流程并按规定运作。

2）资金管理的有效措施

（1）专户管理

① 在资金的源头环节实施规范化管理，遵照建设单位的财务会计制度、建设资金

账户管理制度。目前执行的相关制度有《中华人民共和国预算法》《人民币银行结算账户管理办法》以及当地有关预算单位银行账户管理办法。

② 加大对基建专户的银行预留印鉴管理的力度。统一专户印鉴的使用模式及要求，统一多个项目建设的印鉴管理、资金分户管理的要求。

（2）请、付管理

① 对资金的用款申请与支付环节要进行严格事先控制及使用管理，突出资金申请内容对应概算及合同执行情况的控制。

② 强调造价咨询（或跟踪审计、财务监理）在请款与付款环节的审核作用，及时避免概算外费用的支出。

③ 强调在请款环节发现问题，及时整改，在付款前完善手续、完备资料，确保费用支付合法合规。

3）财务管理与造价咨询（或跟踪审计、财务监理）的结合

（1）根据发改委、财政对财力投资项目的投资控制要求，不断细化、深化考核的工作内容、程序，将造价咨询（或跟踪审计、财务监理）的日常工作效率、业绩与建设过程中透过项目财务管理反映的综合业务质量相结合，使之更具客观性、操作性。

（2）为充分发挥考评的杠杆作用，要求造价咨询（或跟踪审计、财务监理）单位对考评结果做出整改的书面回复，从而形成了考评结果反馈、整改情况回复机制。同时，还要倍加注意总结考评过程中出现的新情况，注意听取考评专家对考评内容和评分体系的意见，视情况对考核办法作必要的完善。

（3）注重项目财务人员与造价咨询（或跟踪审计、财务监理）日常工作契合的互动效果。为使双方对日后的工作做到认识统一、步调一致，也为使造价咨询（或跟踪审计、财务监理）单位能较快地熟悉医院建设的程序和特点，要求造价咨询（或跟踪审计、财务监理）制订契合项目管理大纲的实施细则，帮助其尽快进入角色。

（4）对建设过程中投资控制、会计核算、竣工结算、财务管理等方面存在的问题，通过建立并严格执行造价咨询（或跟踪审计、财务监理）报告的流转、反馈制度，及时沟通、反馈、总结来解决。

（5）项目财务利用各阶段的工作交底、项目例会、月度查账及年度交叉考评等形式，不间断地向造价咨询（或跟踪审计、财务监理）单位传送投资控制目标、财务管理意识的信息。

（6）建立月度造价咨询（或跟踪审计、财务监理）交流平台的长效机制，每次会

议根据交流项目存在问题及解决措施确定中心议题，就项目投资控制的困难与问题形成相关参建方面对面的有效互动交流。

4）财务管理中的投资控制工作

（1）在设计、监理、施工等重要节点招标文件的流转环节，以概算批准内容和金额审核招标文件相关条款与合同相关条款的对应性、符合性。

（2）在用款申请环节的事先控制审核中，对发现问题从用款申请开始，给出整改完善意见或要求，从项目财务管理角度加强投控的监管力度。

（3）根据合同条款审核结算业务的执行，不定期检查合同履约情况，控制合同变更依据、手续，以保障投资控制管理目标的实现。

（4）遇政策调整、安全因素等超概的情况，以建设方申请，造价咨询方（或跟踪审计、财务监理）对相关情况的原因分析、投资阶段对比审核及资金落实、核算处理等意见的提供，项目管理方的审核意见，报原审批部门批准后执行。

（5）合同签约前通过对总、分包招标文件、合同条款中预、结算资料提交的时效性、完整性提出制约意见，合同履约中及时协助项目管理对施工方结算滞后的现象提出处理意见，加强预、结算的审价工作管理，以制约投控的不确定性。

5）财务管理与审计

（1）在项目财务管理工作开展前，提前或同步考虑、落实审计要求，设计相关财务管理制度和流程，起到事前提示、风险预警的积极作用，能使项目顺利通过审计，为顺利推进后续重要环节的工作创造必要条件。

（2）将审计要求贯穿于项目财务管理的始终，强化每笔业务支出的财务管控意识，形成审计回馈项目财务管理实践的良性循环和管理闭环。

（3）视每次审计为检验自身工作质量的机会，对审计提出的问题及时梳理、归类、总结和分析思考，并作为工作案例对员工进行在岗实效培训的教材以提升业务管理水平；对共性问题形成处理对策，作为今后项目财务管理的工作指导意见。

（4）建立与审计的沟通咨询渠道，及时处理和解决各阶段遇到的与投资和支付有关的问题，规避审计风险。

（5）采用工程总承包模式及总价包干的合同，可只审计变更调整部分，固定总价范围不再审计，可以对固定总价的依据进行调查审计。审计的要点包括：设计是否满足合同文件和招标要求；工程质量是否满足国家标准和合同约定的标准；设施设备品牌规格型号是否满足合同约定和招标要求；室内外装修标准是否满足合同约定和招标要求；采购标的物是否满足合同约定标准和招标要求等。

6.8 质量与安全管理

6.8.1 质量与安全管理的组织与制度

（1）在确定项目质量目标的基础上，落实各项质量与安全保证措施，形成以院方为牵头单位，由监理单位、勘察单位、设计单位和施工单位等参与的多层次质量与安全保证体系，进一步编制工程质量和安全控制计划。

（2）质量与安全管理制度，具体包括：

①施工许可证制度；

②工程竣工验收备案基本制度；

③工程质量事故报告制度；

④工程质量检举、控告、投诉制度等。

6.8.2 全过程质量管理

（1）在强调施工阶段的质量控制基础上，将医院建设项目的设计、招投标、施工前准备及竣工验收等纳入质量管理体系中进行衔接和协调，如图 6-1 所示。

（2）招投标质量管理

①招标代理机构选择。优先选择具有相应资质且具备丰富医院项目的招投标经验的代理机构。

②设计单位的招标。审核设计单位的资质、规模和获奖情况等；关注设计单位是否有类似医院项目或者类似规模公共建筑的经验；评价拟投入项目人员的经验、业绩和能力是否够满足医院建设项目的设计要求。

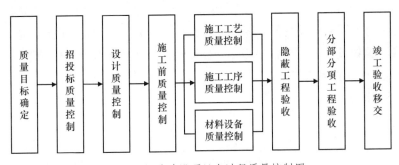

图 6-1 医院建设项目全过程质量控制图

③ 施工监理的招标。关注监理大纲的质量；审核拟派总监及监理小组成员的资质、能力和经验。

④ 施工单位的招标。选择技术能力强、管理能力强并且具有类似医院施工经验的施工单位；综合考虑投标单位的工程量清单、投标报价等商务标内容及施工组织设计技术标内容。

⑤ 设备采购招标。详见 6.5.8 节。

（2）设计阶段质量管理。详见 6.3.7 节中第 3）点。

（3）施工前准备阶段质量管理，具体包括：

① 建立健全质量管理体系。

② 图纸会审。图纸会审要求设计单位、施工单位、监理单位、建设单位均参加，由建设单位、筹建办、基建处或者类似性质的单位组织会审。图纸会审的重点包括：设计是否符合规范；设计体系安全性、适用性、经济性是否满足要求；有无重大错漏和各专业之间的矛盾。最终的图纸会审记录由施工单位整理，所有参与单位会签，盖章。

③ 设计交底。施工人员要充分熟悉图纸，对医院整体的结构框架、设备设施系统、智能化系统、物流系统以及手术净化系统有一定的了解，对容易发生质量隐患的位置要重点留意。设计交底由建设单位、筹建办、基建处或者类似性质的单位组织，设计单位、施工单位、监理单位及建设单位参加。

④ 审查施工组织设计。施工组织设计质量审查要求施工单位所拟定的施工方法重点要突出，技术要先进，成本要合理，实用且利于操作，充分发挥机械作业的多样性和先进性。施工单位要对关键工程的重要工序或分项工程等均应制订详细、具体的施工方案。严格遵守对项目施工组织设计质量审查控制的标准，即：明确的针对性；内容的完整性；具有可操作性。做到先审批，后实施。有关单位根据《施工组织设计（专项施工方案）检查记录表》，组织监理单位、施工单位、设计单位及自身单位的专业工程师，对本项目所涉及的各项施工组织设计、专项施工方案进行识别，督促施工单位编制施工组织设计或专项施工方案，督促设计单位、监理单位完成相应的审核工作。

⑤ 施工许可证办理。

⑥ 场地准备。

⑦ 工程开工令。

（4）施工阶段质量管理，具体包括：

① 组织编制工程施工阶段质量管理规划，明确工程施工质量管理重点、要点及相

关质量控制要求与验收标准。承包商编制的施工组织设计、施工专项方案应满足工程施工阶段质量管理规划的要求和标准。

② 组织建立项目质量控制系统，督促各单位建立质控体系，并跟踪执行。

③ 编制质量分析报告，专项评估分析可能对项目质量产生重大影响的事宜。

④ 督促和检查监理单位、承包单位的工程质量控制工作。

⑤ 督促监理、承包单位做好质量控制应急预案及实施。

⑥ 做好工程材料的质量控制。

⑦ 做好施工技术交底工作。分成两个部分：一般性的分部工程技术交底和关键过程、特殊过程的技术交底包括医疗建筑质量通病专项交底。

⑧ 组织处理工程质量问题及事故。

⑨ 做好隐蔽工程验收、分部分项工程验收。

⑩ 对于装配式建筑，需要建立装配式建筑验收制度，包括预制构件样板验收和工程验收制度，形成验收质量要求、验收程序和验收记录表，制订预制构件的质量控制要点。

（5）对于特殊的贴建工程，施工阶段质量管理核心思想是：按照可靠、可行的施工方案保障新建医院的质量，贴建工程中还要注意：

① 既有市政管线的探测、搬迁、改造和管理。对新建项目所影响区域进行既有市政管线的探测与摸排。对新建工程的地下工程施工产生影响的管线应制订搬迁和改造施工方案，预先进行改造施工，并且采取保护措施。亦可考虑借助新建项目机会，建设院内综合管廊或管沟，优化院区内市政管线敷设，集中管理各类管线。

② 清障施工的管理。紧邻既有建筑的新建项目往往存在较多的清障施工内容，主要包括清理既有建筑侧面的地下围护结构、旧建筑拆除后的地下残余混凝土结构。应根据医院建设的历史资料进行充分判断，制订清障方案，进行多方案比选，选择合适的清障设备，并将清障与围护工程施工结合起来，准确估算清障成本和清障施工工期。

（6）利用 BIM 技术，开展施工质量管理，参见 7.5 节。

6.8.3 全过程安全管理

（1）勘察设计阶段安全管理。勘察设计单位应该按照建筑安全标准进行方案设计、扩初设计及施工图设计，以保证建筑结构的安全和施工作业人员的安全。

（2）施工准备阶段安全管理，具体包括：

① 在施工准备阶段，建设单位或医院院方或代建单位在审核建筑工程项目施工招标文件时，重点审查是否加入项目施工的技术和安全要求内容，以及明确在建设工程项目施工过程中的建设工程项目相关安全措施所需费用应以专项费用来计提专款专用。

② 组织相关建设工程安全专家对工地文明施工方案、建设项目施工安全方案、安全风险评估、安全生产保证体系及安全生产专项施工措施进行评审或论证。

③ 审批后的施工安全方案即作为建设工程项目安全施工的依据，建设工程项目施工中必须按照审批方案实施。

④ 建设单位保证向施工单位提供的现场及毗邻区域的有关资料真实、准确、完善。

（3）施工阶段安全管理，具体包括：

① 对项目安全生产保证体系实施过程进行监督、检查，组织参与安全技术交底和安全防护设施验收，验证预防措施和应急预案。

② 督促施工单位分阶段向当地建筑工程安全监督机构申请安全审核。

③ 督促施工监理单位对施工单位编制的专项安全施工方案（主要包括土方开挖工程、模板工程、起重吊装工程、脚手架工程、施工临时用电工程、垂直运输机械安装拆卸工程、拆除、爆破工程及其他危险性较大的工程）进行审批。对于装配式建筑，需要注意爬架、吊装和拆除安全。

④ 督促施工监理单位对施工总承包单位履行施工合同中的施工安全措施情况、现场作业和施工方法的完备性和可靠性进行监督。对施工单位违反建筑工程安全生产法律法规和强制性标准进行施工的行为进行阻止。

⑤ 进入施工现场的垂直运输和吊装、提升机械设备应当经检测机构检测合格后方可投入使用。

⑥ 协助监理单位组织召开每月安全例会及各项安全专题会议，按照会议精神落实安全工作。

⑦ 组织每周医院、施工监理、总承包单位三方进行现场安全检查，纠正和制止违章指挥、违章作业，并召开现场安全例会，形成安全例会纪要并存档。

⑧ 督促施工监理加强现场巡查，落实整改措施。

⑨ 定期组织进行项目安全文明施工情况检查、评比。定期组织监理、承包单位进行安全文明施工情况检查，检查管理体系、成果文件、现场实施情况等，评比打分，督促及时改进提升。

（4）督促有关安全文明、绿色环保的评比、认证、创优的工作，具体包括：

① 搜集、整理相关资料。

② 根据相关要求进行策划。

③ 督促相关单位落实相关要求。

④ 组织、协调节能认证相关的各项评比、鉴定等工作。

（5）针对比较特殊的贴建工程，安全管理的手段也有特殊之处。尤其是在地下工程施工阶段，采取合适的保护措施，保护既有建筑、设施和管线的地基不发生超限的下沉和变形，例如：

① 设置隔离桩等措施防止深基坑周边产生过大变形。

② 对紧邻新建项目的既有建筑结构（包括地下室，甚至人防区域、地上结构）进行保护。

③ 对周边的树木（尤其是古树）进行保护。

④ 对紧邻的既有建筑、既有市政管线与设施采取变形监测措施，实时报警，并且制订应急预案。

⑤ 贴建一侧由于施工作业面较小，需注意施工机械的选择。

⑥ 对出入既有医院建筑的医护人员、病患等人流进行管理，设置安全通道和行走路径。

（6）安全管理关键点，包括：

① 组织编制安全生产施工管理规划。组织编制安全生产、文明施工管理策划，明确安全生产、文明施工管理目标、方针、组织机构及职责、管理要求、管理办法、关键控制点、保障措施以及可能的评比及奖惩措施与办法。

② 督促各单位建立健全安全生产文明施工控制体系，并跟踪执行。

③ 督促施工监理履行安全生产法定及合同约定的监理职责。

④ 审核、监管安全文明措施费专款专用。

⑤ 组织或参与处理安全事故。

⑥ 具有应急预案、应急组织、应急资源和应急响应等。

6.9 风险管理

6.9.1 风险管理规划

（1）建设单位、院方、代建方、设计方、施工方及运营方等都应于任务实施前编制风险管理规划文件，加强风险的主动管理。

（2）风险管理规划的内容包括：风险的识别、评估、监控和应对措施，风险管理的组织与角色分工，风险管理的方法和工具等。

6.9.2　风险管理过程

（1）根据以往经验，组织相关团队针对医院建设与运营管理中的通常风险和特殊风险进行风险识别，形成"风险识别清单"，以覆盖医院全生命周期管理风险。

① 在项目前期，应对项目的建设、运营以及未来持续发展开展风险评估及应对措施计划的制订，例如疾病谱的变化、医院运营模式的变化、信息技术的影响、人口结构的变化、政策变化及经营财务风险等。

② 在设计阶段，应对项目建设的关键难点进行风险分析，通过技术规格书、价值工程、BIM 技术、工艺咨询和可施工性分析等方式方法进行风险识别，尤其是本指南第 7 章专项要素，需要开展系统的风险分析。

③ 在施工阶段，应结合项目环境、项目现场、项目特征等开展风险分析，包括特殊气象条件、狭小工地、旧房拆除、院内交通、深基坑及设备安装等方面，开展系统的风险分析。

④ 在开办阶段，应针对试运行和开办过程中的关键环节进行风险分析，例如联动调试、专项设备调试等。

⑤ 在运营阶段，应针对重要场所、重要部位、重要设备和重要事件等开展风险分析，例如高处坠落、设备故障、突发事件等开展风险分析，提高医院运营的韧性管理能力。

（2）通过风险的定性和定量分析方法，对风险的大小和发生概率进行分析，形成"风险定量分析表"。

（3）制订风险应对计划，包括风险承受水平分析、风险应对方案以及应对策略等。

（4）开展风险监控，对风险监控情况进行报告和记录，更新及修改风险应对风险识别清单、定量分析表及风险应对计划。

6.9.3　风险管理要点

（1）基本建设程序履行风险管理。随着医院建设基本建设程序管理的加强，基本建设程序的不规范将对医院建设与运营带来重要的管理风险，例如前期手续或相应手续办理不全、违法开工、超投资、特殊用房未执行专项规范和变更程序执行不严格等，都需要严肃对待。

（2）组织能力风险管理。医院是专业性极强的建设工程类型，建设单位、代建单位、项目管理或全过程咨询单位、专业咨询单位、设计单位、施工单位和工程总承包单位等都应具有同类型项目的丰富经验，应对主要参建单位的组织能力风险进行评估，并通过项目组织策划和招投采购策略解决组织能力所可能引发的风险问题。

（3）质量和安全风险管理。大型医院是一个复杂的系统，一些中心城区的改扩建或大修项目具有较强的施工风险，应开展系统的质量安全风险评估，制订风险管理方案，通过组织、制度、施工工艺和现代信息技术等多种措施解决可能碰到的重要风险。

（4）进度风险管理。进度不仅影响到投资效益的发挥，也和质量、投资具有紧密关联。医院建设项目的前期工作、需求分析、方案决策、专项设计、医疗设备采购和安装等对进度影响巨大，应通过总进度计划的编制、进度专题协调、进度分析报告等进行系统的进度风险管理，以平衡进度、质量和投资三大目标的均衡。

（5）投资控制风险管控可采用预警报告制度，即不管项目处于哪个阶段，一旦发现与投资、支付有关的问题或存在的风险，就及时按照程序向有关方面进行报告。预警报告制度经常用于年底付款问题处理以及矛盾解决，充分发挥财务管理作用，将相关管理工作关口前移的同时，还注重事后的跟踪、督促和落实。

（6）廉政风险。作为公立医院，需要重视工程廉政及职务犯罪风险，通过"工程优质、干部优秀"的工作机制、规章制度、宣传教育活动、过程监督、专项检查和信息化手段，开展廉政建设和预防职务犯罪。

6.10 信息管理与项目管理平台

6.10.1 信息及文档管理任务

（1）建立、完善信息分类、编码体系、传递标准和信息管理制度。

（2）督促、检查各单位做好信息管理工作。

（3）文档管理的具体职责包括：

① 建立项目文档管理体系，统一文档管理制度与业务标准，为项目竣工验收提供组织保障和制度保障。

② 负责项目文档工作的监督、检查、指导和协调，保证项目文档与项目建设同步管理。

③ 负责自身形成的项目文件收集、整理并归档工作，保证归档文件完整、系统、有效。

④ 负责项目档案的总结和完成项目档案的验收，为项目竣工验收、机组投产达标

考核、工程创优提供文档依据和保障。

6.10.2 竣工档案管理

（1）档案的归档要求，包括：

① 工程项目开工后，根据项目各阶段实际情况，认真学习和了解竣工档案的规范和程序要求，做好工程项目基本情况和工程项目档案情况汇总。

② 归档的文件材料，应做到书写材料优良，字迹工整，数据准确、图样清晰、签署完备，有利于长期保存。

③ 归档的文件材料，组卷时要拟写案卷题名，写明编制单位，反映制作日期，填写保管期限，注明密级及标明档案号。

④ 归档时要办理必要的交接手续，编写工程项目简介，填写移交目录并一式两份，双方交接签字，各留一份备查。

（2）做好档案的收集、分类及整理。要建立严格的原件保管、借阅、收回制度。

（3）档案的验收和移交。

① 医院建设项目竣工档案的验收，在项目备案前完成。相关部门完成施工技术文件及竣工图的预验收工作。

② 相关部门负责将立项、规划设计、动拆迁、施工及竣工验收等文件材料收集整理、组卷装订后，分别报送市城建档案馆、对应医院相关部门以及公司档案管理部门进行验收。

③ 对未通过验收的项目，有关责任单位须尽快在整改后再次验收，以免影响后续各类验收。档案验收不合格的项目，应暂缓财务结算和付款。

6.10.3 信息沟通

（1）信息沟通机制

① 根据医院建设项目具体需求，建立相应的项目信息沟通机制，例如：工程例会制度、专项会议制度，如周例会、月例会、BIM例会等。

② 各种正式、非正式的工程文件往来、项目管理函件制度以及各类报表、报告制度。

③ 工程项目管理信息平台应用。

（2）完善相关会议流程，提高会议效率。

（3）各类报表、报告相关要求如下：

① 编制各类例行性、周期性工程项目管理报表，报表的内容、形式、频次等视具

体工程项目管理需求进行约定。

② 对工程管理中的相关重大问题、突发问题等编制相关的专题报告，为建设单位向高层领导和政府主管部门进行工作汇报提供支持。

6.10.4 项目管理平台

（1）宜采用成熟的或经过二次开发的项目管理平台。

（2）项目管理平台的选择要注重实用性、先进性和可扩展性，应注重服务团队的专业性。

（3）项目管理平台的应用应注重与项目管理工作的紧密结合，通过组织措施和培训措施提升平台的应用水平。

（4）项目管理平台的业务模块一般包括：

① 招投标与合同管理，例如招投标计划管理和合同管理。

② 项目前期和配套管理，例如规划、前期进度、配套及批复台账管理等。

③ 造价管理，支持对造价目标控制、调整、比较分析和各种报表输出等。

④ 工程管理。包括现场检查、技术管理、进度管理、质量安全管理、竣工及移交、大事记、奖项管理、双优工作和影像资料等。

⑤ 综合管理，包括通知、专报和文档管理。

⑥ 与 BIM 的集成，具体见 7.5.3 节。

⑦ 技术质量管理。

6.11 竣工验收与开办管理

6.11.1 竣工验收条件、标准与程序

1）竣工验收条件

（1）施工单位完成工程设计和合同约定的各项内容，施工单位在工程完工后对工程质量进行检查，确认工程质量符合有关法律、法规和工程建设强制性标准，符合设计文件及合同要求，并递交工程竣工报告。

（2）工程竣工报告必须经项目经理和施工单位负责人审核签字。监理单位对工程进行质量评估，具有完整的监理资料，并递交工程质量评估报告。工程质量评估报告必须经总监理工程师和监理单位负责人审核签字。

（3）勘察、设计单位对勘察、设计文件及施工过程中由设计单位签署的设计变更

通知书进行检查，并递交质量检查报告。质量检查报告必须经该项目勘察、设计负责人和勘察、设计单位负责人审核签字。

（4）具有完整的技术档案和施工管理资料，工程使用的主要建筑材料、建筑构配件和设备的进场试验报告，以及施工单位签署的工程质量保修书。

（5）建筑各系统联动调试合格。

（6）获得消防、环保等部门出具的准许使用文件。各用房取得室内空气环境质量检测合格文件。

（7）建设行政主管部门及其委托的工程质量监督机构等有关部门责令整改的问题全部整改完毕。

（8）工程完工，医院院方收到施工单位的工程质量竣工报告，勘察、设计单位的工程质量检查报告，监理单位的工程质量评估报告后，负责组织实施试运行前验收工作。具体参加试运行前验收工作的单位及人员包括：

①来自质量监督单位的项目所属安质监站监督工程师、项目监督员。

②来自医院的主要领导，医疗、行政、后勤和设备等相关部门负责人。

③来自代建单位的项目负责人、项目经理。

④来自监理单位的项目总监理工程师、总监代表及各专业监理工程师。

⑤来自设计单位的项目负责人、建筑设计负责人、结构设计负责人、水电安装设计负责人。

⑥来自勘察单位的项目负责人、勘察负责人。

⑦来自施工单位的企业技术（质量）负责人、项目经理、项目技术（质量）负责人和各分包项目经理。

2）竣工验收标准

（1）国家安全验收由医院项目所在地国家安全局组织，其验收内容包括对项目的通信、监控、音响和报警等弱电系统、办公自动化系统、信息网络系统或技术防范设备、设施等进行检查。

（2）环境保护验收。该项验收由当地环保局组织；环保验收前要委托有资质的第三方（需有省级质量技术监督部门认定的计量认证证书）对建设项目现场指标进行验收监测并编制验收监测报告。针对医院建设项目，监测数据主要包括水、气、声等方面的内容。

（3）项目所在地规划局组织规划验收，其重点核查的是建设工程规划许可证、建筑专业报审图纸数据与竣工验收报告书上的现场测量指标是否一致。

（4）消防验收由项目所在地住建部门组织。一般分为两个阶段：

① 第一阶段为委托有资质的第三方对建筑消防自动设施进行的检测。主要检测医院建筑的火灾自动报警系统、消防供水系统、消火栓、消防炮系统、自动喷水灭火系统、机械排烟系统、火灾应急照明和疏散指示标志系统、消防应急广播系统、防火分隔设施和漏电火灾报警系统等方面。

② 第二阶段为当地住建部门工作人员到现场进行核查验收，现场验收主要分为两部分：首先是对相关消防设备的验收，如检测防火门、消防栓、水带、灭火器及应急灯等消防器材是否完备；另一部分则是检查现场疏散标志、疏散半径是否满足规范要求、各种管道井及开洞防火泥封堵是否密实、排烟口风力是否达标、建筑物周围是否具有满足消防车通行和转弯的消防车道以及是否具有消防登高扑救场地等内容。

3）验收程序

（1）验收计划，应制订从预验收、正式验收、分项验收、直到综合竣工验收和产证办理的工作计划，包括验收项目、验收需具备的条件、完成情况及时间和注意事项等。示例见附录 D。

（2）书面汇报，包括：

① 建设单位对整个工程建设进行小结，确认已完成工程设计和合同约定的各项内容。

② 施工（总包）单位汇报整个工程建设情况，确认工程质量符合法律、法规和工程建设强制性标准，建设内容符合设计文件及合同要求。

③ 监理单位汇报工程质量评估情况，提供完整的监理资料。

④ 设计单位汇报工程是否完成设计约定的全部内容。

（3）现场及资料查看。参加试运行前验收的人员分为土建、安装和资料三个组，利用"建设项目竣工试运行检查记录表"进行现场及资料查看。

（4）验收结论。参会各方对验收内容进行讨论总结，根据项目质量及程序是否符合相关法律法规的规定，选择以下结论之一为最终意见：项目工程已通过各项开业试运行必备的消防、室内环境、环保和防雷等专项验收，该项目满足开业试运行的基本要求；或是项目工程不满足开业试运行的基本要求，并说明原因。

6.11.2 验收移交

（1）特殊用房的验收需要由院方组织使用部门、供货商、基建和总务部门等根据相关规范、合同及使用要求进行验收。

（2）移交工作必须根据医院运行的特点，对重点部位进行全面核查是否符合使用功能。因为移交是为以后期的运营做准备，不仅要确认细节质量的可靠性，也要确保后期使用的方便。

（3）注意事项：

①移交过程要留意各系统各设备设施的标识、操作提示等。

②进行档案管理，注重项目资料的收集与核对，包括竣工图纸、设备设施技术资料、验收记录等，它是建设工程性能、品质和安全的综合性表述，更是今后维护保修的依据。

③移交后的使用过程中也要要注意收集各种文字、图表、影像等资料，及时归档，确保档案的完整与真实，切忌发生遗失。

6.11.3 开办的组织准备

（1）开办是多部门协同工作，既包括基建部门，也包括后勤、总务、资产和行政等一系列职能部门，还包括工程施工单位、设备供应商、后勤外包服务和搬迁服务等外部单位。组织准备包括以下关键内容：

①成立开办准备联合工作小组，必要时可设领导小组。

②明确牵头负责人及各条线主要负责人。

③明确各部门或单位在开办阶段的工作任务和工作职责。

④明确开办的工作机制。

⑤确定开办阶段要达到的各项目标。

⑥制订相应开办计划及费用预算。

⑦制订相应的工作程序。

（2）开办组织作为临时工作组织，需要保证组织成员的相对稳定性、时间充分性以及专业性。同时，开办组织需要具有高效率的决策能力以及应急协调能力。

6.11.4 编制空间使用规划

（1）制订良好的空间使用规划既是开办的需要，也是未来医院空间管理的需要。典型的空间规划过程包括：

①确认空间分布图纸和尺寸的准确性及一致性。

②确定各空间的面积，包括建筑面积和可使用面积。

③确定空间使用需求和需求预测。

④ 确定各空间使用要求和标准，包括开放空间和空间使用单元中的设备配置、家具配置、支持区域、智能化设施、环境设计及规范要求标准等。

⑤ 确定各空间的弹性使用需求和弹性功能。

⑥ 确定家具标准。

⑦ 确定使用单元数量及对应部门，确定是否有特殊要求。

⑧ 确定空间管理部门和管理方式。

⑨ 确定家具布局方式。

（2）若为改造项目，涉及空间的搬迁、腾挪与回迁，开办工作管理更为复杂，需要确定临时性过渡方案以及与滚动改造方案相匹配的空间管理方案等，以尽可能地减少搬迁率，减少对医疗服务的干扰，避免医疗服务的安全风险。

（3）基于 BIM 的空间管理平台，可辅助开展空间统计分析、占用分析、使用效率分析以及不同分配方案的比较分析，对于空间的定量管理、动态管理、可视化管理和优化管理大有裨益，医院应加大采用新手段开展空间管理的力度。

6.11.5 设备设施筹备

（1）医疗建筑开办所需的设备设施包括大型医疗设备、医疗专用设备、一般通用设备和后勤物资等。

（2）一般通用类设备可细分为：电脑、打印机、移动查房车、会议室设备及投影电视设备等。后勤物资设备可细分为：医疗用车、办公桌椅、诊疗桌椅、轮椅、橱柜、货架、沙发茶几、窗帘、床隔帘、配餐间用品、污洗室用品、垃圾箱及治疗处置室用品等。

（3）设备设施筹办的工作程序：

① 后勤部门与基建等职能部门配合，提出设备设施配置清单，包括设备类型、名称、数量、放置地点及申请金额等内容。

② 后勤部门向各临床科室和部门下发设备设施要求明细表，明细表一般包括申请科室、申请日期、预算编号、分类、具体名称、放置地点、预算数量、申请数量、国产 / 进口及功能要求等。

③ 各科室根据预算数量结合现有设备数量、实际需求等，填写明细表。对未列入必要设备设施可另行提出。需求表由各科室主任签字后上报后勤部门。

④ 后勤部门汇总清单，根据"医院初期申报数量""上级部门批复数量""医院实际需求数量"进行分类统计，根据可"投放设备""自筹资金设备""重复删减设备"

等梳理汇总，形成第二版设备设施预算清单再次上报上级单位审批。

（4）在整个设备设施规划、调研与实施过程中，院方需对计划采购物资的单价情况进行充分调研，以尽可能符合市场价格变化。实际操作中可参考该类设备医院历次采购价格、同类医院采购价格或者上级单位参考指导价格。

6.11.6 联动调试

（1）试运行通常包括几个关键部分：设施静态和动态调试、设备性能测试、子系统测试（规范测试）和联动试运行等。调试、试运行及性能测试具有不同的内涵，具体如表6-5所示。

表6-5 调试、试运行及性能测试

	描述	开展时间	例子
调试	目的通常是检测安装的质量和技术	在设施安装过程中的调试。无论通电与否，此类工作均要在颁布设施启用证书之前进行	管道压力测试 电缆的电阻检测
试运行	目的是证明整个项目系统是按照设计要求和技术规范来操作和实施的	静态调试结束后。在颁发现场安装设备开动许可以后	容量调试 承载能力调试
性能测试	对所有设备系统统一进行测试，包括环境测试	试运行结束后	第一年根据气候条件进行性能测试 计算机房测试

（2）联动调试的内容，主要包括：

① 医疗建筑运行系统主要包括供电系统、供热系统、空调与通风系统、给排水与集水井系统、医用气体与负压吸引系统、电梯系统、通信系统和物流自动化传输系统等。

② 供电系统管理主要涉及市政电网供应保障（确保外周电网稳定）、变压器、UPS电源、配电房/箱管理、楼宇防雷接地系统等。管理要点包括配置两路供电、配电房安全与巡查问题、配电装机容量配置等。

③ 供热系统管理主要涉及锅炉房、室外供热管网、室内供暖系统，而热能消耗使用主要在于中心供应室、食堂、洗浴等。目前不少医院已取消锅炉房，采用蒸汽发生器供热。管理要点在于压力容器、管道、阀门的维护与规范操作。

④ 空调与通风系统管理涉及集中式冷热源、水泵与冷却水塔、净化空调机组、楼层新风机组、风机盘管、暖气片、分体式空调及送风排风系统等，管理要求主要是维修保养的计划性、管道清洗、节能改造等。

⑤ 给排水与集水井系统管理涉及生活给水系统、热水系统、中水系统、消防供水系统及污水处理系统等。管理要点是确保医院供水安全、充足，防止医院特有的废弃物污染环境、导致细菌病毒的传播，防止化学物质和放射性物质排放，确保污水排放符合标准。

⑥ 医用气体与负压吸引系统管理涉及中心供氧系统（液氧储罐、高压氧气瓶、汇流排和制氧机等）、负压吸引系统、压缩空气系统和其它医用气体系统。管理要点在于供氧站的选址与建设标准、负压吸引的废气废液排放、氧气瓶的管理、气体管路的维护等。

（3）接管条件与测试标准

① 运行系统在医疗建筑正式投入使用前，必须进行联动测试，满足标准与接管条件。

② 有国家强制检测要求的运行系统，以第三方专业机构报告为准，如：电梯、净化手术室、压力容器设备、高压试验、避雷检测等。

③ 给排水与集水井系统：水箱内外要有扶梯；透气、溢水口要有网罩；水箱入口加盖加锁；除末端外，阀门要挂牌标识（不能用粘贴纸），室外部分需做防冻保温；集水井必须打扫清楚，井内不能留有建筑垃圾；地漏每个都必须畅通，尤其地下层靠水泵排水的要有报警装置及备用水泵；管道井内各类管道方向每层标清，吊顶内水管每隔 10m 也要有清晰标识。

④ 供电系统：所有电柜内外标识清楚，图纸张贴于电柜内；电柜电箱包括各楼层必须上锁，楼层电箱使用统一钥匙；各路负载试验供电正常，漏电开关动作灵敏；双电源切换正常，上级必须有明显断开点；管道电缆井内各层电缆标识清晰，吊顶内电缆每隔 10m 也要有清晰标识。

⑤ 空调与通风系统：在极端气温下要保证空调的正常使用；空气滤网、水过滤器拆卸方便，回风箱不得铆钉铆死；供回水管标识清晰，能区分空调供水回水、消防、生活冷水和生活热水；吊顶夹层回风（没有回风箱的）风机盘管，每间房间吊顶内必须封闭，形成一个相对密闭的空间。

⑥ 医用气体与负压吸引系统：各类气体无交叉连接及不通气现象；各类气管分别用不同颜色标清，并标清气流方向，每隔 10m 内必须有一个标识；氧气终端压力、医用真空负压需要满足相应要求；埋地管在离地 0.3m 必须有开挖警示色带。

⑦ 手术室系统：净化空调新风口和水平离排气口位置满足要求；凡经手术室的气

体管必须接地，电阻满足要求；医疗设备有电必须专业接地，电阻满足要求；心脏外科手术室必须设置有隔离变压器的功能性接地系统；手术室气体为防止干扰从中心气站独立接入，并有安全阀防压力突然升高；手术室所有盥洗设备排水必须设有水封，以杜绝与外界空气相通；必须有从不同电网电源从中心配电间单独送至手术部配电柜内，双电源自动切换；在极端气温下要保证手术室温度、湿度、压差要求；温湿度的验收在验收时要注明室外气候状态。

⑧ 采用工程总承包的，应要求总承包方提供"设施设备操作指导手册"，总承包方应组织培训发包方或使用单位的相关人员正确掌握设施设备的使用和维护。

6.11.7　资产管理

（1）资产进场

① 医院后勤保障部门应与采购部门建立沟通机制，及时掌握开办所需的设备设施采购进度、进场时间、进场批次与数量等信息。

② 医院后勤保障部门应与基建部门确认进场条件。若建筑现状不具备设备设施进场条件，应延后进场时间或借用临时仓储；若具备进场条件，应确认设备设施安装或放置的位置、吊装及吊装口、运输通道、搬运方式及人员、场地保洁条件及场地保护等信息。

（2）验收入库

① 设备设施进场后，应由医院后勤保障部门资产管理员，持采购合同与设备明细清单进行开箱验收、清点，对品种、规格、数量和质量逐一确认；验收完成后，应填写"开箱验收单"，现场交付设备使用科室的资产保管员，建立科室分类账。在验收过程中，对于不合格的设备设施应拒绝接收，并通知采购部门及时退换。

② 医院后勤保障部门按规定对固定资产予以分类、编号，并粘贴标签，建立台账、卡片资料。对固定资产建立健全三账一卡制度，即：财务处负责总账和一级明细分类账，后勤保障部门负责二级明细分类账，使用部门建立在用固定资产分类账。

③ 医疗设备建档应包括资料：招标文件、合同文本原件、设备明细清单、使用说明书、质保书、医疗设备"三证"、开箱验收单、性能验收合格证（如有）及购置发票等。

（3)安装调试。医疗设备安装过程一般由原厂专业工程人员完成，医院应提供保安、门禁、技防设施的配合。医疗设备性能验收，应由供方人员、科室负责人、医院后勤保障部门共同确认。

（4）特殊程序

① 大型医疗设备类：需与基建部门、施工单位协调吊装口位置、运输通道、放射防护条件等，确保进场期间安全及后期放射防护验收。

② 医疗专用设备类：需确认可移动贵重设备在建筑正式运行前的安保措施。

③ 一般通用设备类：可移动类设备（如电脑、打印机、移动查房设备等为主），应在进场验收后，确保具备有线网络、无线网络覆盖等信息条件；固定类设备（如会议室设备）应进行现场多系统联动测试。

7 专项要素

7.1 医院物理环境安全建设要点

7.1.1 医院物理环境及其安全性

（1）医院物理环境对患者和医护工作人员的身心舒适感有着重要的影响，需要考虑以下方面：

① 建筑空间环境。医院作为一类特殊的、提供诊疗服务的载体，其空间环境的合理性与安全性需要受到更高层次的关注，涉及医院的空间安排和装饰环境等方面。

② 光环境。医院建筑中应综合应用好自然光和人造光所构建的环境，促进患者身体的恢复和健康，并且保证诊疗活动的安全开展，不影响诊疗的准确性。医院病房、换药室以及护理室等重要场所需要拥有充足的光线，以备正常的生活所需。手术室等特殊病室需要配备无影灯等特殊手段，采用自然光和人造光来营造医疗所需的光环境。

③ 热环境。构建良好的热环境，考虑温度、湿度以及风环境等因素。不但是病患治疗和恢复的重要因素，也为患者的心理带来一定的抚慰和舒适感。并且考虑不同年龄的患者对热环境的感受不同，例如对于老年患者与新生儿，室温稍高为宜。

④ 声环境。可根据世界卫生组织的标准控制噪声，避免噪声诱发病患耳鸣、血压升高、肌肉紧张等症状，或使病患产生焦躁、易怒等情绪。

⑤ 设备运行环境。保障电气、给排水、信息系统和暖通系统等基础性支持设备和放射性、高精尖检查、大型影像等特殊性医疗设备的运行状态。不仅对光、热、声等各种环境的稳定性提供依存基础，也为患者在诊疗过程中避免二次物理性、化学性以及生物性损伤提供坚实基础。

（2）医院物理环境安全的核心在于保证各方面物理环境稳定，保护患者不受伤害，用以保证生理和心理舒适。主要包括：

① 建筑安全。医院的建筑安全考虑范围包括建筑、结构和设备三类安全。

② 消防安全。应充分考虑医院存在很多不断电医用设备、治疗过程需要使用多种易燃化学品等容易引发火灾的因素，消防安全应重点关注放射科、病理科、药房、手术室、化学品仓库以及变配电室等建筑空间。

③ 生物安全。医院生物安全需要保证感染控制的两个方面：首先需要采取特殊的

设备保证疾病传播受到阻碍；其次需要对无菌环境（某些特殊科室）做独立分区，并设置相应的缓冲区，各科室各分区的清洁用品应该独立，防止交叉使用。

④ 信息安全。应对医院信息系统的硬件、软件、数据库和网络进行安全保护，避免受到破坏和泄露，保证其正常的运行，保证医疗秩序和医疗效果的实现。医院信息安全管理主要包含机房安全、网络安全、数据安全等方面的内容。

7.1.2 医院物理环境安全的总体策划

（1）医院安全管理包括消防（防火）、人身安全（防伤）、财产安全（防盗）以及突发性事件处理（防灾、防震）等。涉及医院空间动线规划、设备仪器保养、耗材物资补充以及信息系统安全等因素，贯穿诊疗过程、手术安全、感染管理、血液安全、用药安全和膳食供应等多个环节。可将医院安全管理的"防范"工作大致分为三种：防院内感染，保护患者及其他社会人群；防范医疗纠纷与医疗事故；保证医务工作人员安全。

（2）医院总体规划遵循的基本原则是：规划、限制、隔离、切断、保护、控制，其中控制最为关键。在总体规划中，将感染区域规划在医疗工作区一端角；在感染区内限定明确的功能分区，设立互不交叉的清污流线，划分清洁区、半污染区和污染区；谨慎严格的污废处理，坚持洁污分区、医患分流的设计原则，设立独立的感染出人口，以避免交叉感染。

（3）在总体规划、设计与分期改扩新建过程中，注重人流、物流、空气流、空间的布局及流线的组合，应始终坚持把感染控制工作贯穿于规划、设计和改扩新建之中，并作为医院建设的基本原则，把满足医疗、教学、科研和后勤保障工作的流程作为规划、设计与改扩新建的基本依据。

（4）医院应始终坚持"以病人为中心"、为员工服务为本的指导思想，实施"人性化"规划与设计，认真分析非诊疗空间的适宜性，充分考虑医院建筑环境对病人和医护人员的安全性、效率性、秩序性和行为与心理，设计并营造等候空间温馨化、室内设计园林化、休闲功能复合化，并把这些设计思想落实在门诊及病房不同区域改扩建和新建中。

7.1.3 医院物理环境安全的规划与设计

（1）规划与单体设计

医院物理环境安全的规划需要在整体层面上对未来的设计、建设和运营提供一定的宏观指导。突出科学性、合理性、有效性、效率性和安全性，规划和设计必须重视功能分区划分、感染控制等方面。

① 按照使用性质与功能进行合并，按照医疗功能、行政管理、后勤服务等要求划分大功能区。大分区之间可以留有一定的缓冲区，安排绿化或者管道流向。

② 医疗功能区包含急诊、门诊、住院、医技以及感染门诊和病房等，需要将污染性较大的感染门诊、医用垃圾等规划在某一部位，设置重点管理方案，避免交叉感染等问题。

③ 医院按照功能进行分区，区域内部的各建筑有一定的联系，可以方便用气、用水等公用系统的中心化建设需求，减少安全管理的难度。区域与区域之间具有一定的独立性，保证不同等级的区域在紧急情况下能合理正常运行。综合运用限制、隔离、保护、切断和控制等手段，保证医院公用系统、医院专用系统和消防安保系统的正常服务和安全保证。

④ 布置合理的绿化，在创造良好的物理环境同时也为用气、用电和用水等功能的实现提供一定的缓冲空间。中心绿地、医院外围以及裙楼楼顶绿植均为合理和经济的绿化空间布置方式。

⑤ 考虑医院建筑空间生物安全性的设计，医院感染控制的措施包括功能布局、洁污分区、流线组织、通道设计、房间设计和设施设置等方面。

⑥ 在规划初期需要对医院的车流、人流以及各类管道的流向和布置进行整体规划，方便各种流线在紧密联系的同时不互相干涉。

⑦ 单体建筑注重人性化设计，注意人流、物流、气流和空间流线的组合。在满足医疗功能联系的过程中，需要防止不同流线交叉带来的问题。

⑧ 基于降低院内感染的考虑，应首要关注高危感染科室的平面功能设计合理性。主要包括洁净手术室、重症监护室、血液透析中心、口腔科、新生儿室、消毒供应中心及内窥镜室等科室。基于设计视角采取适当措施控制院内感染，对接触、空气和水传播这三种主要传播途径进行有效控制。例如，加强手术部的规划和设计，重点解决病人、医护人员、器械术前及术后的动线是关键，动线是手术部平面布局的基础，是手术部运转的动脉，也是防止交叉感染和提高手术部效率的核心。

⑨ 在规划设计阶段，考虑感染控制的医院设施方面设计包括如下内容：洗手盆的数量和设置；酒精擦洗器的数量和位置；负压室的数量和位置；有效的空调系统设计；合理的地板材料设计选型(减少使用地毯)；选择适当的墙密封胶；选择恰当的装饰材料；

恰当的吊顶设计；实验室和药房的感染控制设计。

（2）医院公用系统设计。医院的公用系统主要包含给排水、暖通、电气、智能化及设施设备等系统，是医疗服务提供最基本的单元，其安全性与稳定性决定了能否正常提供基础医疗服务。

① 医院用水系统安全设计管理，包括给水系统、排水（雨水和污水）系统、医院生活热水系统等方面。对于烧伤病房、中心（消毒）供应室等特殊医疗部门的供水，应根据医院工艺要求设置供水点；对于热水的制备、出水温度、压力差、回水温度、热水的稳定性以及洗婴池等均按规范规定的特殊规定执行；医院饮用水可以采用直饮水、蒸汽间接加热、电开水器和桶装饮用水等方式，分别按照不同用水方式的要求系统设置；普通污水处理和放射性污水处理应分别依据相应的规范要求执行。

② 医院用电系统安全设计管理，包括电源、安全保护、电气设备选择、电气设备安装、安全电源及照明设计与防雷接地等方面。医疗场所的电气安全防护需要进行分类（表7-1）且分别进行管理；医院所用电源应该根据分类以及对供电连续性要求的不同而进行设计，且主电网自动切换到安全电源系统需要重点关注；放射科、核功能科等具有大型医疗设备的科室应该单独供电，并设置隔离等手段保证用电的连续和安全。

表7-1 电气安全防护分类管理一览表

场所类别	应用特征
0类场所	不适用医疗电气设备的场所
1类场所	医疗电气设备需要与患者体表、体内接触的场所
2类场所	医疗电气设备需要与患者重要部位（如心脏等）接触以及电源连续性要求较高的场所

③ 医院信息安全设计管理，涵盖硬件、软件和数据库等内容。可涉及信息设施、信息化应用系统、公共安全系统、机房工程以及智能化集成系统等方面。医院信息化系统应该集中设置，并在考虑流量的基础上设置一定量的预留量；按照信息的不同安全级别，配备不同的基础信息设施建设方案；为了保证信息系统的物理硬件安全，考虑视频监控系统、入侵报警系统、出入管理系统和电子巡查管理系统等各种手段的设置灵活性、稳定性及其详细需求；医院的机房需要配备相应的安全保护措施，如配电照明、应急电源、消防系统、防雷系统以及监控系统等。

④ 医院锅炉系统设计管理。包括锅炉房设计、燃料选用、供热介质选择、锅炉台

数和容量确定等方面。医院锅炉房设计应根据批准总体规划和供热规划进行，做到远近结合，以近期为主，并宜留有扩建余地；医院锅炉房燃料的选用，综合考虑节能、安全、经济和环保；锅炉供热介质应根据常见的三种供热情况（表7-2）进行选择；锅炉台数和容量应按所有运行锅炉在额定蒸发量或热功率时，能满足锅炉房最大计算热负荷；应保证锅炉房在较高或较低热负荷运行工况下能安全运行，并应使锅炉台数、额定蒸发量或热功率及其他运行性能均能有效地适应热负荷变化，且应考虑全年热负荷低峰期锅炉机组的运行工况。

表7-2 锅炉房功能与供热介质选择情况一览表

用气类型	建议供热介质
供采暖、通风、空气调节和生活用热的锅炉房	宜采用热水作为供热介质
以生产用汽为主的锅炉房	应采用蒸汽作为供热介质
同时供生产用汽及采暖、通风、空调和生活用热的锅炉房	经技术经济比后，可选用蒸汽或热水作为供热介质

⑤医院电梯系统设计管理。应当遵循"洁污分梯，防止感染；流线快捷，缩短候梯；导向明确，标识清晰；空间舒适，细部周详"的电梯设计原则；应当遵循相关设计标准，满足三个方面的基本要求：额定速度合理、电梯数量符合规定、满足消防要求。

（3）医院专项系统设计

医院专项系统主要包括医用气体、洁净工程、辐射防护等系统，是提供医疗服务所需的重要单元，其设计管理要点主要如下：

①医院用气系统安全设计管理，包括从集中供气站到用气点的全路径设施安全，即从气源设备，经由气体配管到医用气体终端等方面。气源设备的安全设计首先需要考虑医用气体的定额设计，并考虑预留约十分之一的备用气量，防止供气不足；其次考虑医用气体因具高压、助燃和易爆炸等性质而设计安全保护系统；最后考虑不同科室用气终端的安全要求进行气源设备设计。对气体配管、管材铺设、气体终端都应按照不同医用气体的物理和化学性质进行详细规划与设计。

②医院空调系统设计管理。重点应关注洁净空调的设计。依据医院不同用房的洁净度要求（表7-3），洁净空调的设计需要考虑病室气流组织、洁净护理单元的压力控制、洁净护理单元的排风和洁净护理单元的设施配置等四个方面。另外，对医院内特殊供冷供热要求的区域（如放射、中心供应等），需合理考虑空调系统设计。

表7-3 医院不同区域内用房洁净度级别

级别	适用范围	空气洁净级别
I	重症易感染病房	ISO Class5（100级）
II	内走廊、护士站、病房、治疗室和手术处置室	ISO Class7（1000级）
III	体表处置室、更换洁净工作服室、敷料贮存室和药品贮存室	ISO Class8（100000级）
IV	一次换鞋、一次更衣、医生办公室、示教室、实验室和培育室	无级别

③ 医院应急电源系统设计管理。医院电气系统设计时通常要考虑应急电源的设计，依据切换时间的需求，选择不同的类型（表7-4），保证医院各场所安全运营，以满足应急电源的设计标准。

表7-4 医院应急电源类型及适用范围

电源类型	适用范围	电源维持时间
切换时间 ≤ 0.5s	维持抢救室、重症监护室、手术室照明和重要的医疗设备工作	满足抢救、手术等所有治疗过程结束的时间（≥3h）
切换时间 ≤ 15s	维持重要医疗场所照明及主要医疗设备工作、消防及中央控制系统的正常运行	≥ 24h
切换时间 > 15s	维持医院运行的后勤保障系统	≥ 24h

④ 辐射防护系统的设计管理，详见"放疗中心"和"核医学中心"相关章节。

（4）医院安防系统设计

医院消防系统主要包括消火栓系统、自动喷水系统、水喷雾系统、气体灭火系统和灭火器等系统。设计管理主要要求如下：

① 总平面布局和平面布置。在进行总平面设计和总图防火设计时，应根据城市整体规划确定医院的位置；要根据院区内的场地情况设置满足规范宽度的消防车道，还应设计消防登高面和满足规范尺寸的登高场地；建筑物之间还应留有满足规范尺寸的防火间距；每栋建筑宜设消防控制中心；医院主出入口和其他入口前应留有集散的空地及通道，满足紧急疏散时的要求。

② 建筑防火构造设计应考虑包括防火墙、防火门、分隔内墙、设备竖井、管井、电缆井和钢结构玻璃幕墙等部位，材料耐火极限和构造都应满足规范要求。

③ 手术室消防设计应满足相关规范要求。医院洁净手术室和手术部要与其他部分形成防火分隔，且墙上必须开门时应设置乙级防火门；洁净手术部宜划分为单独的防

火分区，当与其他部位处于同一防火分区时，应采取有效的防火防烟分隔措施；洁净手术部的技术夹层与手术室、辅助用房等相连通的部位应采取防火防烟措施。

④ 消防设施设计。针对医院电气火灾隐患形成和存留时间长且不易发现的特点，医院尤其是高层医院应设计漏电火灾自动报警系统；医院建筑内诊室、手术室、病房、办公室、会议室和公共走道等处设置感烟探测器；发电机房、地下车库等处设置感温探测器；手动报警按钮主要设置在近楼梯出口处；各水流指示器及湿式报警阀动作信号均送至火灾报警系统；火灾自动报警系统线路在每个探测器上均设短路隔离器。

（5）医院安防系统设计

医院安防系统主要包括：安防视频监控系统、实时报警系统、出入口控制系统、电子巡更系统、停车场智能管理系统、一卡通系统及安全防范综合管理平台等。整个安全防范系统是一个统一管理的整体，通过监视、探测器、门禁和巡更等，共同构建综合安防系统，实现门禁、报警、监控及现场灯光照明联动、消防门禁监控联动等。设计管理主要要求如下：

① 安防系统设计应当遵循基本原则：系统的防护级别与被防护对象的风险等级相适应；技防、物防、人防相结合，探测、迟滞、反应相协调；满足防护的纵深性、均衡性、抗易损性要求；满足系统的安全性、电磁兼容性要求；技术先进成熟，设备可靠适用。

② 医疗建筑电子安防系统的集成设计。安全防范系统的集成设计包括子系统的集成设计、总系统的集成设计，必要时还应考虑总系统与上一级管理系统的集成设计。

③ 机械门控系统设计要求。在进行医疗场所门控五金设计之时，应根据医疗场所的建筑平面图并结合门控五金的技术要求规范，完成门表及五金配置组的工作，此项工作对于医疗场所前期建设尤为重要。

④ 门禁安防系统设计要求。作为一个大型综合体安防项目，医院安防系统前期设计十分重要，而后期的使用、维护管理是保证安防系统发挥其应有作用的根本保证。一个再先进的技防系统，也离不开人防的参与。门禁安防系统的前期设计包括系统功能、系统容量、紧急逃生和财产安全等几个方面。

⑤ 安防视频监控系统设计要求。医院安防监控系统对影像采集和输出的要求较高，可考虑结合语音系统实现远程协同工作；视频监控点位设计一般应在建筑楼一层大厅各出入口、各层通道交叉口处、挂号收费处、药房、重要库房、候诊区、电梯厅、扶梯入口、护士站、各病区医患沟通室、ICU、CCU、纠纷接待室、各类会议室、电梯轿厢、医院周界和地下停车场等重要的区域布设摄像头，进行全方位、多角度的监视控制；

各病区医患沟通室、纠纷接待室建议增加音频同步采集，用于证据保全以及院领导远程监控。

⑥ 电子巡更系统设计要求。电子巡更系统一般设计采用离线式巡更方式，采用非布线即由非接触射频读卡式巡更采集器、巡更点布置非接触射频读钮或卡；根据医院建筑结构及安全防范的需要，在院内四周主通道、走廊、楼梯间、主要出入口、开放性柜台以及消防柜、生活水池等水电重要设备、设施、气井等重点部位设置巡更点；按预先编制的保安人员巡查路线进行巡查，对巡查人员的巡查行动、巡查状态进行监督、记录，提高安全防范的管理。

7.1.4 医院物理环境安全的建设实施

（1）医院物理环境采购的物品多属于医疗行业特有的小众产品，无法全部放置于各级政府公共资源交易平台招标采购的范畴，依照医院所设的各个医疗专业具体要求进行小范围的、复杂的专业招标采购方式才能确保临床应用。所以医院的物理环境建设过程中招标次数多，招标任务工作繁重，招标采购子项目众多。

（2）医院物理环境安全系统施工管理要点。主要涉及公用系统施工、专项系统施工、安保和消防系统施工几方面。其中，公用系统施工主要从给排水、暖通、电气、智能化和设施设备等几方面展开；专项系统施工主要从医用气体、洁净工程、辐射防护等几方面展开；消防系统施工主要包括消防水泵施工、消防气压水罐施工、气体灭火系统施工等方面。

① 给排水系统施工。基于综合考虑水泵机组、泵站投资和运行费用等综合技术经济指标，选择合适的水泵机组，使之符合经济、安全、高效的原则；医疗建筑给水处理设备在施工过程中要重点检查管道支撑、倒流防止器、升压装置、软水器和加热设备等设施的安装质量，保证给水安全。

② 电气系统施工。桥架安装与电缆敷设应注意安装牢固可靠，符合相关规范要求，是保证电气系统安装中的重点；配电箱安装应保证位置正确，定位牢靠、绝缘测量合格，保证安全使用。

③ 锅炉系统施工。锅炉在安装施工过程中应注意：锅炉及其辅机、水处理设备等的安装应符合设备制造厂的技术要求；设备基础必须待设备到货并与设计图纸核对无误后，方可施工；管道安装后的试压验收，按《工业金属管道工程施工及验收规范》（GB 50235—2017）进行。

④ 电梯系统施工。依据《特种设备安全法》规定电梯的安装、日常维护保养必须

在电梯选择供货时一同考虑，并明确各自应承担的法律责任。客用电梯、医用电梯、货用梯的安装都要遵守以下安装程序：设备吊运及搬运→导轨堆放→零部件堆放→井道放线定芯→安装导轨支架→安装导轨→层面安装→对重装置安装→机房机械设备安装→缓冲器安装与轿厢安装→电气设备安装→调试与试运营→电梯验收检验。

⑤气体供应系统施工。空气净化系统在安装施工过程中应注意其过滤器安装质量，确保其密封性能。实验室、病理科等科室的空调、通风系统在安装施工过程中应注意所有送、排风管及室内送、排风口选用的材质、型号和安装方式符合《医用气体工程技术规范》（GB 50751—2012）等相关规范要求。

⑥洁净空调系统施工。洁净医用空调所属净化区域内净化设备及其工程的施工和安装应当遵循《洁净室施工及验收规范》（GB 50591—2010）。净化设备抵达现场时应进行设备质量核实，开箱验证设备的净化专项制造资质、产品的合格证、设备的出厂检验合格证、订货设备型号（技术参数）与到货产品的一致性验证和技术参数及功能是否与设计参数（招标文件、投标承诺函）一致。

⑦消防水泵施工。主要注意水泵进水管连接、水泵与基础连接、水泵与电动机联轴器连接等方面。

⑧消防气压水罐施工。主要注意支架牢固、罐体垂直度和水平度符合要求、稳压泵安装符合要求。

⑨气体灭火系统施工。灭火剂输送管道应采用符合规定的无缝钢管，管道内外表面应作防腐处理，并采用符合要求的连接方式。

（3）医院物理环境安全系统施工界面管理。界面的全面安全管理过程可划分为安全目标确定、安全分析、安全评价、安全控制和信息反馈五个阶段，通过信息反馈和沟通将其他四个阶段有机地结合，进行持续动态的安全管理工作。项目施工过程和竣工阶段的各类验收应详细界定，明确验收标准、验收内容、验收界面和验收顺序，必须逐项验收，严格执行验收标准和程序。

7.2　医院特殊用房建设要点

7.2.1　质子治疗中心建设要点

1）质子治疗中心建设概述

（1）质子治疗中心的建设不仅仅是建设独立的质子治疗区域，往往还需要有科研、医疗配套等多种功能，并且质子治疗设备具有特殊性，投资很大，应编制专业特点显著、针对性强的工程建设项目管理大纲。

（2）在项目建设过程中，既要针对建筑、结构和配套质子治疗设备的特点克服各项技术难点，做好多方沟通协调，又要在确保安全的前提下，严把质量关、严控工期目标。

2）前期策划阶段管理要点

（1）前期策划准备。在开展项目前期策划前，必须收集一定量的项目信息资料进行策划准备，这些信息资料包括政府方面的信息、建设单位、研发单位信息等，还包括对进口的质子治疗肿瘤装置"引进、消化、吸收"，促进其国产化的策略。

（2）选址策划。由于质子治疗设备对建筑的技术要求很高，质子治疗中心在选址方面主要考虑因素包括交通环境、医疗资源环境、科研环境和政策环境。

（3）定位策划。主要考虑因素包括用途确定、建设主体和项目性质，据此确定质子治疗中心的建筑空间和建筑面积需求。

（4）功能分析和规模策划。基于潜在用户的需求分析，将项目功能、项目内容、项目规模和项目标准等进行细化，以满足项目投资者或项目使用者的要求。项目主要功能可以分为质子治疗区、质子装置设备区、非质子医疗区、研发办公区及能源供应区等。可通过参考国内外案例，结合建设单位使用需求来合理确定规模。

（5）设备选型策划。主要参照国外设备的运行效率，结合自身项目的定位（非营利性还是营利性医疗机构），根据投资者的资金实力和期望的资金回报收益，来选择合理的治疗设备。

（6）经济效益策划。基于质子治疗中心投入较大，运行成本高，应考虑项目投资收益或财务生存能力，形成相关的评价报告，其内容包括编制依据、评价的基础数据（医院规模数据、营业收费价格、成本估算、流动资金估算、建设周期估算及资金来源数据等）、项目建设的经济分析策划和融资方案。

（7）项目管理策划。主要包括组织架构策划（包括质子治疗设备供应商）、任务分工策划、管理职能分工策划、工作流程策划、项目关键技术路线策划、投资控制策划、设计界面策划和时间进度策划等内容。

3）设计阶段管理要点

（1）设计的重点与难点梳理。质子治疗中心设计应自始至终贯彻安全可靠、流线清晰、人文关怀和绿色科技的设计理念。其设计的重点与难点主要包括辐射屏蔽安全、设备安全运行、医疗流程清晰便捷、建筑环境以人为本、节能生态和BIM创新应用等方面。

（2）建筑设计。主要包括功能选择、功能组成、医疗流程设计、工艺构造设计和方案设计及优化等方面。质子中心作为质子治疗为核心的功能复合体，需综合设计质子治疗区、质子装置设备区、非质子医疗区等不同功能区域；应进行医疗单元之间的流程设计和重点医疗单元内部的流程设计；还应进行辐射防护安全、设备吊装便捷、防水防汛安全等方面的工艺构造设计；方案设计过程应多次召开专题研讨会，进行平面布局优化和立面造型优化。

（3）结构设计。主要包括地基处理、基础微变形控制、基础微振动控制、超厚混凝土墙板设计和高精度大型预埋件设计等方面。充分考虑质子治疗装置属于精密装置，其地基与基础变形需采取措施严格控制；从振源、传播途径和受影响建筑物三方面采取控制措施，保证质子治疗装置处于微振动的工作环境；设置厚度很大的混凝土墙体及顶板，足以屏蔽质子治疗用房、直线加速器用房区内的射线；严格控制主体结构中大型预埋件钢板的平面度、平行度、垂直度、位置尺寸误差和其他参数指标。

（4）机电设计。主要包括暖通空调设计、给排水设计和电气设计。

① 暖通空调系统设计中管理要点包括工艺冷源特别要求及设计策略、优化配置空调及工艺冷源、热源与低品位废热利用、诊断用房暖通空调关键技术。

② 给排水设计中管理要点包括治疗装置工艺用水与补水、装置区域泄漏废液的处置、装置区域管道布设、残余辐射安全处置和特殊空间水消防安全处置。

③ 电气设计中管理要点包括治疗装置的负荷选择及供配电设计、治疗装置接地设计、治疗装置辐射防护、电能质量保障、特殊空间火灾报警和以人为本的智能化设计。

（5）绿建设计。主要包括制订绿色目标与实施原则、医疗建筑的特征分析、制订绿色适宜技术策略和针对性绿色技术应用。

（6）装饰与景观设计。主要包括制订装饰设计的基本原则、主要室内空间设计的要点、制订景观设计的基本原则和主要室外景观设计的要点。

4）施工阶段管理要点

（1）施工的重点与难点如下。

① 土建施工难点主要包括：基础工程及深基坑施工控制要求高；混凝土屏蔽辐射超厚墙体裂缝控制难度大；结构平整度、精度要求高；埋件精度要求高（劲性柱、辐射钢板墙）；屏蔽辐射异形套管施工难度大。

② 机电施工难点主要包括：质子治疗中心对机电的配合有特殊的要求；能源中心多系统融为一体，增加施工难度；质子区的各个设备间、机房间及治疗室需两套冷源

系统切换工作；质子区和非质子区功能各异，需采取不相同的安全措施进行协调控制。

③ 装饰施工难点主要包括：质子治疗中心楼层底部和地面的管道众多，导致装饰合理布置基层龙骨、设备、管线难度很大；工程房间类型和功用多，空间布局复杂。

（2）总体策划与施工部署。基本步骤同 6.6 节，但需针对性考虑质子治疗设备对建筑物的精度要求高、变形要求小、考虑辐射性等特点。

（3）基础与土方施工管理要点。基于质子区质子医疗设备精确定位和限制建筑沉降变形的严格要求，制订基础与土方施工管理要点，主要包括地下结构沉降控制管理、质子区测控精度控制管理、深基坑（"坑"中"坑"）施工控制管理、基坑土方开挖和支撑及垫层施工管理。

（4）主体结构施工管理要点。考虑放射区的设计底板、墙体和顶板超厚，空间超高，且要满足屏蔽辐射要求，主要采取施工控制措施包括：墙板厚、空间超高、大体积混凝土施工控制；屏蔽钢板墙精度控制；高大支模体系施工管理；质子区预埋件质量管控措施。

（5）建筑设备安装施工管理要点。考虑质子治疗中心既有常规医疗建筑的一些功能，又有质子治疗专用的功能，实施配套的机电设备和系统，施工管理内容可包括：质子治疗中设备安装过程策划、异型束流套管的制作及其预埋、能源中心重点机房安装、冷源系统调试、消防系统、污水处理系统、辐射监测系统、电气系统、暖通系统和给排水系统。

（6）绿色施工管理要点。主要包括绿色施工管理组织机构的构建、绿色施工管理策划、绿色施工技术措施的采用。

（7）室外总体施工管理要点。主要包括室外总体施工规划管理、回填土施工方案编制、室外雨污水施工方案编制。

（8）室内装饰工程施工管理要点。主要包括室内装饰工程四化管理措施（施工图纸标准化、材料加工工厂化、施工现场整洁化及现场管理可视化）、室内装饰工程质量管理、室内装饰工程绿色施工管理及室内装饰工程成品保护管理。

7.2.2 洁净手术部建设要点

1）洁净手术部的设计管理

（1）建设规模论证。在规划医院洁净手术部规模时，应充分考虑综合性医院、专科医院的各自特点，基于当前的日常手术量和近几年手术量变化趋势规律，提出适度规模，组织专家论证。既要有超前思维，也要避免盲目追求扩大规模，造成资源浪费。常规参考比例是：与总床位数之比为 1∶50，或与外科床位之比为 1∶25。同时结合医院特点、手术量、发展趋势等适度增减。

（2）布局位置确定。基于医疗工艺流程确定洁净手术部的布局位置，洁净手术部不宜设在首层和高层建筑的顶层。平面布局应体现功能流程短捷和洁污分明的原则，从而有利于减少交叉感染，合理有效地组织空气消毒系统（空气净化系统、离子杀菌系统、紫外线等措施的单一方式或者是多种方式的融合），经济地满足洁净质量。从医疗流程方面分析，手术部与外科病房、重症监护病房、病理科、输血科以及洁净物品供应中心密切相关，在洁净区内设立无菌室、麻醉室、复苏室和专用仪器室等辅房。布局位置需考虑的主要因素包括：有利于提高医疗安全系数，有利于提高工作效率，最大限度地方便患者及医务人员。例如，急诊手术间设在手术区最外面；感染手术间设有自己独立的入口，并保证患者的流程是最短的，尽量减少对其他手术间的污染。

（3）建设方案确定。基于研究国家规范和标准的前提，充分结合医院的特点，确定建设方案。根据手术病种的不同，手术部位的不同，手术方式的不同，专科化建设相应的手术室。充分论证实际需求，确定好不同类型（包括复合手术室、负压手术室、数字化手术室和一体化手术室等）、不同净化等级、不同设备配置和不同面积标准的手术室数量。同时，要科学设置各类辅助设施和辅助用房，特别是要本着人性化原则，全面考虑手术室工作人员和手术医生的工作环境，设置必要的办公、休息、用餐、活动场所和设施。创造一个配置合理、功能齐全的手术环境。

（4）内部流程设计与选择。根据医院的特点，进行洁净手术部内部流程的专业设计，主要考虑其规范性、科学合理性、医疗安全性等因素。由于流程设计方案的非唯一性，故可设计多方案，然后组织医院管理者、使用人员与专业设计人员研讨和多方案选优，避免方案实施阶段再做大的修改与调整。内部流程设计与选择，也可纳入建设方案，一并编写。

（5）进行净化设计。当洁净手术部建设规模、布局位置、建设方案完全确定的情况下，应及时选择净化专业公司配合建筑设计单位，进行手术部内部各系统的设计，使得整个建筑的结构、水、电、气、暖等各类专业设施设备系统具备完整性和统一性。建筑设计与净化工程专业公司配合设计的程度必须满足专业净化工程施工单位深化设计的要求。净化空调系统设计是净化设计的关键内容，应考虑消毒技术（空气过滤、直接杀菌等方法）、气流技术、压力梯度控制、废气排出、维持温度与湿度、降低人体发菌量及防止室内细菌繁殖等措施。此外尚应注意，手术室的给排水系统在如洁净区不设地漏，供配电系统需进行隔离变压器、独立专用配电箱和可靠接地等设计，医用气体系统的各种气体管道均应接地。

（6）手术室的人性化设计。人性化设计是现代医院手术室建设中不可或缺的考虑元素。手术室的人性化设计包括手术室色彩和灯光设计、环境背景音乐、病人关怀措施等。其作用主要体现在：活跃手术室气氛，降低手术患者紧张的心理情绪，并使手术医护人员在放松的环境中工作，有利于减少疲劳感，有助于提高手术工作效率。

（7）手术室的信息化设计。手术室的信息化设计应包括信息基础设施和信息化应用系统。手术室信息化应用应支持手术视频示教、手术麻醉、手术室运行管理、手术护理管理、手术物流管理、手术环境管理、医疗行为管理、手术相关服务以及与临床信息系统的集成；信息基础设施包括信息点位、各类工作站、各类线缆和视频监控和语音对讲等设施。应支持复合手术室、手术室机器人、远程手术指导等应用场景的信息化需要。在洁净手术部设计阶段，应基于医院特点和需求、投资概算、发展规划等因素，考虑选择不同应用程度的手术室信息系统，进行手术室的信息化设计。

2）洁净手术部的技术方案编制管理。组织洁净手术部建设，必须要进行全方位的谋划，编制一个完整、系统的技术方案，作为工程招标和建设的基本依据。技术方案的编制管理主要涉及国家规范标准的研究、使用需求的调查研究、发展动态的调查研究、系统要求的详尽表述及组织专家论证等方面。

3）洁净手术部的招标管理

（1）招标方案的策划。主要包括洁净手术部的招标形式、评标方法、招标文件拟写的关键点（如明确施工界面、技术参数要求、计价方式等）及经济标和技术标的主要评标内容等。

（2）合理确定投标单位资质业绩要求。根据所要建设的洁净手术部的具体方案，合理设置洁净工程承包企业的资质、业绩及项目负责人要求。洁净工程承包企业一般都具备建筑装饰装修工程设计工程承包、机电设备安装工程承包、建筑智能化工程承包等专业资质。并可组织对已完成业绩工程进行考察、对项目负责人进行面试，考察工程承包团队对洁净手术部的深化设计、安装施工、设备系统调试等综合能力。

（3）审查深化设计方案先进性和实用性。组织项目管理人员、医院管理人员及手术部医护人员对洁净手术部深化设计成果进行审查，主要审查其系统及设备选用的先进性和实用性，使得洁净手术部建成后利于运行与使用，这是工程招标过程中的一项基础性的重要内容。

（4）逐一核定设备参数是否满足规范和招标技术方案规定。组织项目管理和技术人员对工程承包单位所选用的系统设备进行逐一核定。认真核定各类设备的数量、质量及各种参数是否满足规范和招标技术方案规定。因为设备的价值是构成洁净手术部建设投资的重要组成部分，系统设备的选择是洁净手术部建设管理工作的重中之重。做好核定工作，防止以次充好、以劣充优的现象发生，确保洁净手术部工程达到规划的功能和档次。

（5）系统评估施工组织科学性和可实施性。组织项目管理和技术人员对工程承包单位的施工组织方案进行系统评估。审核其施工组织科学性和可实施性，不仅关系到工期，而且会影响工程质量，还会影响到运营期间的维护工作。施工组织设计应充分考虑到洁净手术部工程设备繁多、技术要求高、施工工序复杂及各系统穿插施工等特点，现场施工组织必须兼顾各类设备的安装、各种管线的铺设、各部位不同材料的现场组装、设备设施全生命周期内的维护操作等因素。

（6）全面分析质量控制体系的完善性。组织项目管理和技术人员对工程承包单位的质量控制体系进行全面分析与审核。质量控制体系应该包括各种设备、材料的采购和现场施工、安装、调试等工作内容的控制，应该是全方位、全专业、全过程的质量控制体系，控制细则应延伸到各类工序，应该具有明确、具体、操作性强的特点。

（7）审核安全管理措施的可靠性。针对洁净手术部施工现场设备和材料堆放密度大、施工空间有限、同时展开的工种和工序多、现场管理难度大等特点，组织审核工程承包单位的安全管理措施。在招投标文件中应对安全管理措施给予严格规定：满足国家安全生产的各项规范要求，并能针对性地结合医院手术部特点，制订可操作性的安全管理措施。

4）洁净手术部的施工管理

（1）施工交接界面管理。依据洁净手术部工程承包的合同，清晰明确地划分工程实施范围和施工交接界面。净化工程分包通常是按区域划分，即在手术部范围内或净化区域内的各种装饰装修，各种管线、管沟铺设，各种设施设备采购安装等。应该合理规定净化工程施工局部区域与整体建筑各专业的有机对接，例如水、电、气、暖、消防等各系统、各专业如何有效而可靠地连接，与日常医疗工作密切相关的医用气体、医院信息化等系统如何实现无缝交接。

（2）现场施工质量管理。由于洁净手术部系统复杂、专业性强、施工难度大，因此现场应安排有洁净手术部工程经验的工程监理进行施工质量管理。

（3）施工现场的变更管理。由于洁净手术部工程的特殊性，某些局部功能和细节设计可能不断完善，在深化设计过程中可能发生变更。当要发生设计方案的变更和施工方案的变更时，应组织进行变更前后的方案对比分析，从性能、造价、优缺点等方面进行评估，亦可借助建筑信息模型（BIM）技术进行模拟分析，从而优化方案，然后确定变更实施。

（4）施工现场的协调管理。施工现场的协调管理工作主要包括：洁净手术部工程与其他各分项工程在工序上的穿插安排，各专项设备安装的协调配合，各专业管线铺设的有效整合，各系统功能的调试集成等问题。协调管理的理念：统筹全局，及时协调，精心安排，合理解决。

（5）施工现场的验收管理。施工现场的验收是确保洁净工程建设质量的最根本环节。通过严格的验收管理，避免不合格的材料、设备、施工工艺产生质量和安全隐患。分阶段、分层次的验收管理内容主要包括：每道工序完成后必须验收、所有隐蔽工程必须验收并做好记录、大宗材料进场必须验收、各类设备进场必须验收、各专业系统性能测试验收和整体工程全面竣工验收。

（6）专项验收环节。按《医院洁净手术部建筑技术规范》（GB 50333—2013）相关规定单独验收，验收应包括工程项目检查和综合性能全面评定两部分，并应在验收合格后启用。不得以空气洁净度级别或细菌浓度的单项指标代替综合性能全面评定；不得以工程的调整测试结果代替综合性能全面评定的检验结果。

7.2.3 医学实验室建设要点

1）医学实验室分类和组成

（1）医学实验室的作用就是为人类疾病的诊断、治疗、预防以及健康状况的评估提供有益的、重要的、科学的信息。临床实验室提供的信息非常广泛，其主要功能是在受控情况下，以科学的方式收集、处理、分析血液、体液及其他人体材料，并将结果提供给申请者，以便其采取进一步的措施，同时提供其检查范围的咨询性服务，包括结果解释和为进一步适当检查提供建议。

（2）医学实验室分类如下：

①科研教学医学实验室，包括人体解剖学实验室、形态学实验室、机能学实验室、分子物理学实验室、生物医学专业实验室和动物实验室等。

②临床实验室，包括生殖医学中心、检验科、病理科和其他科室。

2）医学实验室建筑规划布局

（1）医学实验室应根据其属性、内容、服务对象等，在设计开始前，确定其规模、概预算、开展业务的范围和相关仪器设备等，以编制详细的设计任务书。对实验室内的特殊空间，如 PCR、HIV、微生物实验室等进行重点设计。

（2）医学实验室规划布局应符合安全性、灵活性、适应性和可拓展性原则，符合相关质量标准要求；功能分区应明确，划分为实验室区域、缓冲区、污染区；实验室的工作流线应清晰，尽量做到人、物、洁、污等分开，同时还应考虑工作人员生活交流空间，实验室人、物流线还应与信息流结合。

（3）医学实验室建筑规划布局主要考虑医学实验室的选址、建设场地及周边条件、建设环境及位置、医学实验室规模确定等相关方面。

（4）检验中心规划，包括：

① 现代医院检验中心建设环境应首先考虑满足院内正常检验流程的需求，能够准确地完成样本采集、样本处理、送样检测和实验分析等工作，方便医患使用，并对周围环境不产生影响为设计原则。

② 检验中心规划建设的整体环境应自成一区，场地应能避免各种不利自然条件的影响，远离灰尘、病原、噪声、振动、废水和辐射等可对检测结果及实验数据的精确性产生影响的一切因素及区域。同时，建设场地应能满足检验中心建设所需要的给排水、空调通风、电气电信等条件要求，并能对产生的污废物进行合理处置，避免检验中心对周围环境造成不良影响。

③ 因为检验中心服务于医院的门诊和急诊，其位置须紧靠门诊和急诊，方便病患送检标本及候取检验结果；考虑住院患者复检送样，其距离住院部不宜过远；考虑洁净用具消毒，其距离消毒供应中心亦不宜过远；考虑就诊过程的快速检查，其位置应与医技系统的其他部门如影像部、病理部、核医学部等靠近。当采用物流系统传输标本时，其位置关系可综合优化。

④ 检验中心的规模以医院等级作为主要参考因素，结合医院建筑面积、日门诊量、住院床位数、检验中心工作人员数和所承担的工作内容等进行确定。医院等级与检验中心规模关系可参考表 7-5。

（5）病理科规划，包括：

① 病理科应自成一区，集中设置。其位置应远离污染源，采光良好，气流顺畅，

方便临床科室、手术室、住院病人送检、咨询、会诊，宜与手术中心联系紧密。

② 在病理科和手术部之间，可采用气动管道物流传输系统在密闭的空间内将手术中提取的体液标本、病理标本等准确快速送达病理科。并应考虑标本尺寸超出气动物流管道系统传输能力时的替代传输方案。

表 7-5　检验中心建设面积参考表

医院等级		检验中心面积要求（m²）
一级		0～200
二级	乙等	＞300
	甲等	＞500
三级	乙等	＞1000
	甲等	＞1500

注：面积与开展的检验类型的数量有关，如果检验科还承担有较多的科研和教学任务，则面积还应适当增加。

③ 病理解剖室宜与太平间合建，解剖实验后，遗体可从专用通道运送至停尸间，这样不仅可以减少感染，且能体现人性化。为避免感染、减少病源传播，应在病理科内建设更衣室及淋浴设施，供工作人员使用。

④ 病理科用房应根据工作流程设置取材、标本处理（脱水、染色、切片等）、制片、镜检及洗涤消毒等用房，要做到洁污分流。

⑤ 病理科的建设规模主要以临床工作的需求来设置，参考面积详见表7-6所示。

表 7-6　病理科建设规模参考表

医院等级	病理科面积要求（m²）
一级	0～200
二级	＞300
三级	＞800

注：病理科规模大小应视医院实际情况确定，表中数据仅作参考。

（6）生殖医学中心规划，包括：

① 生殖门诊宜设置在医院较低楼层，从而方便病患咨询；而核心实验室为医疗建筑中的高级别净化空间，应与外界环境相对独立且需有联系，通常宜占据平面的一个

独立尽端，远离污染和噪声。

② 生殖医学中心规模与所在医院规模和等级并无直接对应关系，通常新建医院或独立的生殖医学中心和妇幼专科医院，生殖医学中心的规模较大，有的面积可达 $1\,500\text{m}^2$ 以上。

③ 在生殖中心平面流线规划设计中，要重点处理两方面内容：第一，要尊重就诊病人的隐私，从心理学的角度设计合理的流程；第二，从医院卫生学的角度出发，避免交叉感染，使不同的人流合理分流。

（7）动物实验中心规划，包括：

① 动物实验中心的建设环境应首先满足外部环境安静无噪，适宜动物饲育，并应保证空气质量，大气含尘浓度和含菌水平低，远离噪声源、污染源、震动和电磁辐射场所；远离蚊蝇滋生地。周边景观植物的选取应慎重，避免种植产生花絮、粉尘、绒毛的植物。

② 现代医院动物实验中心的位置选择通常有四种模式：独立设置、结合医院科研教学用房设立、设立于医院门诊或住院综合楼地下用房内和结合专科专属空间及重点学科设置。总平面规划时，外部出入口不宜少于两处，人员出入口不宜兼做动物尸体和废弃物出口，做到人流和物流分开。

③ 对实验动物设施的环境，按照微生物的控制标准可为普通环境、屏障环境和隔离环境三种，其中普通级和屏障级动物实验中心为现代医院建设的主流模式。

④ 现代医院动物实验中心的规模同医院床位及门诊量联系较小，通常结合教学、科研任务及课题量统筹考虑，参考规模详见表7-7。

表7-7　医院动物实验中心建设规模参考表

医院规模	医院动物实验中心面积要求（m^2）	实验动物种类
一级	—	—
二级	$100 \sim 300$	小动物及中动物
三级	$600 \sim 1000$	SPF级小动物及中、大动物

备注：建设规模应根据实际情况、结合医院的需求而定，以上数据仅供参考。

3）医学实验室功能单元布局。医学实验室每个功能单元的建筑布局主要考虑工艺流程与工艺流线、功能分区、布局模式和功能房间等四个方面。

（1）检验中心功能单元布局。结合医院建筑的实际情况，检验中心平面布局通常有单通道式、双通道式、回字式、中心式和组合式 5 种主要形式。在实际工程中，组合式是最常见的布局形式，其灵活性强，可用于各种规模和平面造型的医院建筑。检验中心功能房间按其使用功能分为采样用房、实验用房（包括开放实验室及特殊实验室）、辅助用房和办公生活用房等。采样用房一般包括等候厅、采样及接收窗口、标本储存及处理区。检验中心的实验用房主要用于血液、体液、生化、免疫、微生物、HIV 实验、PCR 实验及细胞实验等。

（2）病理科功能单元布局，包括：

① 病理科的功能分区划分为实验区、辅助区和办公生活区，分别属于污染区、半污染区和清洁区。其中实验区主要包括：接收标本收发室、取材室、储存室、冰冻切片制作室、细胞学涂片制作室、病理技术实验室、洗消室和污物处理区等。因实验区存在临床送检标本、甲醛、二甲苯等化学试剂，为了防止这些污染物扩散，实验区需要保持负压状态，做好通风设计。病理科技术室应配置一定数量的生物安全通风柜，同时做好房间排风系统，合理组织气流方向，污染区空气应外排并做无害化处理。

② 病理科平面布局模式与医疗检验科类似，通常有单通道式、双通道式、回字式和组合式四种主要形式，其中组合式是最常见的布局形式。因其灵活性强，可用于各种规模和平面造型的医院建筑。当病理科规模较大时，回字式和组合式能够合理满足功能和流线需求；病理科规模不大时，采用简单布局则更具经济性。

（3）生殖医学中心功能单元布局。生殖医学中心主要由生殖医学临床、体外受精实验室、人工授精实验室和办公辅助四部分组成，其功能单元平面布局需重点防止感染，切断传染链。从内到外可分为洁净区、准洁净区和污染区，并采取"入口分流"和"内外廊分流"的设计措施，严格控制洁净区和污染区的分界。人工授精实验室和体外受精实验室公用医患通道，属于内区；生殖医学临床对外联系频繁且相对独立，属于外区；办公辅助可结合三者功能需求布置。

（4）动物实验中心功能单元布局，包括：

① 动物实验中心按照其使用功能分为：前区、饲育实验区和辅助区，通常三个区域面积的大致比例可分别设计为 26%、50% 和 24%，具体可依据各医院的需求作适当调整。前区主要包括办公用房、教学用房、环境调控设施等设备用房、基本饲料、垫材等物品库房和工作人员卫生设施等，为非洁净的开放区。饲育实验区主要包括饲育区及实验区，应当设置缓冲间、风淋室、隔离室、检疫室、动物饲育室、动物实验室、清洁物品储藏室、消毒后室、准备室、手术室及观察室等用房，为动物实验中心的核

心功能区域。辅助区包括仓库、洗刷消毒室、废弃物品存放间、解剖室、设备用房、淋浴室、休息室和更衣室等，为整个动物实验中心的防疫控制区。

② 动物实验中心的布局模式根据其用房的组织形式，通常分为四种：无走廊式、单走廊式、双走廊式和三走廊式。单走廊式属于经济、节约、高效的布局模式；三走廊式适用于大型且复杂的实验中心。

4）医学实验室内部环境要求

（1）地面。医学实验室地面性能包括耐磨、不起尘、易清洁、不易反光、耐冲击和防水防滑，应有良好的耐久性及防菌、防霉和抗腐蚀性。常用装饰材料分为硬质和软质两类。硬质地面装饰材料常为地砖等，软质地面装饰材料有 PVC 塑胶地材、橡胶地材等。通常选用 PVC 塑胶地材及地砖作为主要地面装修材料。颜色选择白色、浅灰、浅米及浅蓝等清爽的浅色系，从而可以避免产生强烈的颜色对比和视觉疲劳。

（2）墙面。医学实验室墙面应完整无裂缝、不渗水、不起尘、易清洁、耐腐蚀和抗撞击，并且维护结构应无毒、无放射性，密闭性能良好，有一定隔音、吸声性能，耐火性良好。封面装饰材料通常选用医用抗菌涂料、瓷砖等，在有特殊洁净度要求的实验室，可选用夹心彩钢板、复合铝板、无机复合板和电解钢板等耐擦洗、抗污抗菌效果优越且防潮、防腐、防霉变的材料。颜色选择白色、乳白色、浅米色等色系。

（3）吊顶。医学实验室吊顶材料应选择抗污、不起尘、不易霉变、不易变形、易维护、吸音性能好和环保抗菌的材料，同时应具备良好的防火性能（耐火达 A 级）。通常选用防火纸面石膏板、水泥纤维板、医用抗菌矿棉板、高晶板和藻钙板等吊顶材料；有特殊洁净度和清洁要求的实验室内，吊顶材料可选择夹心彩钢板、玻镁彩钢板等。顶棚同墙面应做圆角处理，尚应注意吊顶不能过于光滑，防止出现镜面反射，形成眩光，影响医务人员的实验操作。

（4）门窗。医学实验室的门窗应具有良好的密闭性能，考虑经常消毒、清洗，优先选用铝制或钢制材料的门窗，考虑实验需要，门上应设观察窗；考虑特殊要求（保持正压或负压），门窗应具密封性能，不能留门槛、采用滑轨式推拉门，且密闭门宜朝空气压力较高的房间开启，并安装自动闭门器。

5）医学实验室设计与施工管理

（1）建筑结构。建筑结构条件要充分考虑建筑层高、承重、建筑模数、排风井、送风井、强电井、弱电井、设备层、技术夹层、净化机房、新风机房、恒温恒湿机房、UPS 房、气瓶间及污水间等结构空间。由于医学实验室内管网复杂，需保证正常的安装和检修，检验科等临床实验室建筑层高应重点考虑。为了医学实验室安全运营，危险化学试剂附近应设有紧急洗眼处和淋浴，标本应设废弃消毒处理设施。

（2）实验室给排水、纯水、污水处理工程，包括：

① 医学实验室内部给水管，为了便于维护，通常是沿着走廊、墙壁、柱子和天花等位置明管布置，但易积灰；要求高的实验室将选择暗装，管道敷设在地下室、管沟或公用走廊内部。

② 实验室排水管道应横平竖直布置，转角尽量少，防止杂质堵塞管道；排水管应尽量集中布置，以便后期维修。

③ 实验室纯水主要用于分析实验室，分为一级水、二级水和三级水。纯水管路系统采用独立设置的供、回水管路时，应保证每个用水点有适当的压差。应避免死水滞留，若死水滞留不可避免时，则滞留段长度不宜大于管道公称直径的三倍。

④ 医学实验室排放的废水具有酸碱、有机溶剂、微生物类废水，应根据其性质分别独立排放，经污水处理达标后方可排放，不能同生活污水直接混合排放。

（3）通风工程。医学实验室通风分为局部通风和全面通风两种。在设计和施工过程主要的管理工作包括：通风设备及风机造型、通风管道选材、系统设计、气流组织和废气处理。由于实验室废气种类繁多，不能简单统一采用一种方法处理，常见的处理工艺包括：高效过滤、活性炭吸附、光催化分解、水喷淋、湿式化学和燃烧法等。

（4）电气工程。医学实验室电气工程包括强电（36V 以上）和弱电（36V 以下）。强电工程的管理主要包括：安全性和保障措施规划、设备接地、负荷计算及电线电缆选用等内容。弱电工程包括：语音电话系统、计算机网络系统、视频监控系统、门禁系统和信息发布系统。

（5）净化工程。净化工程主要用于血液类实验室、微生物实验室、分子实验室和病理实验室。应将室内空气温度、湿度、洁净度、气流速度、空气压力和噪声等控制在需求范围内，并且保持空间的密闭性能良好。

（6）消防工程。由于医学实验室内标本、样品和仪器都很宝贵，消防工程优先选用气体灭火系统，不宜采用喷淋灭火系统。

（7）气体工程。医学实验室使用气体种类较多，主要有可燃气体，如氢气、乙炔、甲烷等；惰性气体，如氮气、氦气、氩气等；助燃气体，如氧气、压缩空气。实验室用气主要由气体钢瓶提供，个别气体可由气体发生器提供。气体工程管理内容主要包括：供气系统方式选择、气体管路设计与施工、气瓶间设计、气体末端控制设计与施工和气体报警及防爆设计。

7.2.4 重症加强护理病房（ICU）建设要点

（1）基于医院的管理模式、科室治疗病种、医疗流程和功能需要，确定医院 ICU 建设的规划方案，是集中设置 ICU 中心，还是分设内科 ICU、呼吸 ICU、儿科 ICU，甚至冠心病 ICU、肾内科 ICU 等专科 ICU。也可体现 ICU 建设的整体感和层次感，建设多个专科 ICU，同时建设 1 个中心 ICU（或称为全科 ICU、综合 ICU）。

（2）医院 ICU 规划设计时，应充分与医院医疗部门沟通，多听取其要求，尤其是对功能、流程、空间和设备配置的要求，包括：

① 护理流程要求护士"一对一"则应采用单间设计；护理流程要求护士"一对多"则采用敞开式空间设计。

② 科学合理设计布局 ICU，必须设置一定数量的单间，每个床占面积应符合规范要求。在人力资源充足的条件下，多设置单间或分隔式病房，以减少交叉感染。

③ ICU 中应分别设立正压和负压隔离病房，可以根据患者专科来源和卫生行政部门的要求决定，通常配备负压隔离病房 1~2 间。

④ ICU 布局设计时，应考虑有最短的抢救距离和抢救时间，ICU 应紧邻手术室，既方便手术后接送病人，又可减少污染。而且急诊的病人到 ICU 的路径要达到最短。

⑤ ICU 划分清洁区、半清洁区、污染区，病人与工作人员通道及污物和清洁物品运输通道分开。

（3）病室和护士站是 ICU 的主体，布置在清洁区。ICU 布置方式，可依据床位与护士站的相互关系划分为环绕式、U 形三面式、两面式和单面式四类；也可以根据视线可达性分为开放式、半开放式和完全隔离式三类。目前国内大多数医院还是选择开放式病房，有助于观察每个病人的情况。随着医疗技术和人性化设计的发展，完全隔离式的病房将会增多。

（4）满足人性化需求，ICU 应配备合理充足的辅助用房。ICU 的基本辅助用房包括医师办公室、主任办公室、工作人员休息室、中央工作站、治疗室、配药室、仪器室、更衣室、清洁室、污废物处理室及值班室等。ICU 的卫生间采用集中设置。有条件的 ICU 可配置其他辅助用房及空间，包括家属接待室、实验室、营养准备室和探视廊等。

（5）ICU 室内设施配备应充分、齐全而合理，主要包括中心供氧、中心吸引、压缩空气系统及中央监控系统等专科病种急救所需的设施。

① 综合考虑净化设备机房空间、净化级别和运行成本，确定 ICU 是否配置层流设备。

② 房内可通过中央空调维持相对恒温，通过电脑控制，调节其温度及湿度，应符合《中国重症加强治疗病房（ICU）建设与管理指南》的相关规定。

③ 在空间布局合理的前提下，合理设计空调与新风系统，运用空气流体力学原理，注重气压梯度与气流走向问题，配置给风、排风和空气过滤装置，有效避免室内污染问题。

④ 每床应满足电源插座（12 个以上）、氧气（2 个以上）、压缩空气（2 个以上）和负压吸引（2 个以上）等功能支持的基本配置要求。

（6）ICU 室内环境的合理设计，应考虑抗菌防霉、易清洁的材料选择，还应考虑采光设计和噪声控制。

① ICU 的地面、墙面和吊顶选材主要考虑不产尘、不积尘、耐腐蚀、防潮防霉、易清洁、高吸音并符合防火要求。地面常用的材料包括防静电聚氯乙烯卷材地面、防静电橡胶卷材地面等，亦可采用自流平技术铺设环保抑菌环氧树脂材料；内墙面常用的材料包括铝塑板、PVC 墙胶纸、抗菌防霉乳胶漆涂料等；吊顶常用的材料包括铝塑板、抗菌型钢化石膏板、抗菌防霉乳胶漆涂料等。为了便于清洁，设计时踢脚与地面连接的阴角及内墙阴角均须做成圆角。

② ICU 应具备良好的采光条件，每间 ICU 病房应设有窗户，可以看见室外，并配有窗帘，以调节光线强度。此窗户设计应比一般的窗户低，便于躺在病床上的病人可以透过窗户看见外面的树木和蓝天。照明系统应选用显色性好的光源，可以根据不同的需要进行调节。

③ 噪音控制。在设计病房时，地面覆盖物、墙壁和天花板应该尽量采用吸音、隔音效果好的建筑材料。护士站的墙壁可进行特殊的吸音处理，采用隔音效果好的玻璃门。在 ICU 布局设计时根据噪声模拟测试结果进行优化调整。

7.2.5 消毒供应中心建设要点

（1）消毒供应中心的选址，需考虑：

① 消毒供应中心应采取集中管理的方式，对所有需要消毒或灭菌后重复使用的诊疗器械、器具和物品由消需供应中心回收，集中清洗、消毒、灭菌和供应。通常医院内只能设有一个消毒供应中心，超大型医院可有一个以上的消毒供应室，即分散式消毒供应室。

② 医院消毒供应中心的位置选择应遵循的原则：临近主要或最重要的使用科室（例如中心手术室、手术室、产房和主要临床科室）；不宜建在地下室或半地下室；所在位置的周围应环境清洁，无污染源、水源等。

（2）消毒供应中心的规模确定，需考虑：

① 遵循实用、适用的原则，避免建设过大或面积的不足，既要满足医院的日常工作需求，也不能造成不必要的浪费。消毒供应中心基本的建筑面积要求，与床位比为 0.7~0.9 ： 1。

② 综合考虑地域发展及医院具体情况，如医院性质、科室设置、实际收治人数、手术量及门诊量等因素。根据医院总收治住院人数乘以预定的一个调节系数确定消毒供应中心的实际使用面积。

③ 消毒供应中心的总面积中，应考虑工作区域、辅助区域和仓储的合理比例，并进一步考虑工作区域中去污区、检查包装、灭菌区和无菌物品存放区所占合理比例，基于比例的调节，最终确定总面积。

（3）消毒供应中心应按照污染区、清洁区、无菌区三区布置，并应按单向流程布置，工作人员辅助用房应自成一区；进入污染区、清洁区和无菌区的人员均应卫生通过。

（4）消毒供应中心工作区域的温度、湿度和换气次数应满足表7-8的要求。

表7-8　工作区域温度、相对湿度及机械通风换气次数要求

工作区域	温度（℃）	湿度（%）	换气次数（次/h）
去污区	16～21	30～60	10
检查、包装及灭菌区	20～23	30～60	10
无菌物品存放区	低于24	低于70	4～10

（5）采取相应措施保证消毒供应中心各区域气流组织，包括：

① 去污区属于污染区，需保证该区域整体处于相对负压的状态，内部总的气流方向是上送下回，在有条件的情况下，可以在接近操作面的水平方向，采用正压水平风幕或负压水平风幕，实现双向对有害气体的气流导向控制以保护操作人员。

② 检查、包装及灭菌区，总的内部空气流向应遵守由洁到污的原则。特别是在相对独立的敷料制作间，应制造相对检查包装及灭菌区内环境的相对正压，用以防止飞絮飞入工作区域内对器械产生污染。

③ 无菌物品存放区采用自上而下的空气流向方式，并保持相对微正压，使外界不

洁净的空气无法进入该区域。

④ 辅助区域及仓储区域整体采用常压空气即可。

（6）尽量采用自然光源采光，对于工作区域应设计照明补偿，其最高照度和最低照度应满足表 7-9 的要求，从而能够保障正常的工作进行，并且减少或消除各区域内工作人员的疲劳感，降低或杜绝人为错误。

（7）消毒供应中心布局设计通常遵循"同侧原则"，即相同或者相关联的功能区域，设计在相同方向。工作区域和辅助区域之间，利用空间屏障、气流屏障或实物屏障相互独立隔绝。并在流程布局上力求做到最大限度地减少传输距离，降低交叉污染发生的可能，降低工作人员劳动强度，并以此来保证流程的通畅与无断点。

表 7-9　工作区域照度要求

工作面	最低照度（lx）	平均照度（lx）	最高照度（lx）
普通检查	500	750	1 000
精细检查	1 000	1 500	2 000
清洗池	500	750	1 000
普通工作区	200	300	500
无菌物品存放区	200	300	500

（8）消毒供应中心对内环境的控制较为严格，其空调系统不可与公共中央空调并用，应选用独立的空调系统。应设计独立的冷热源及独立风系统，保证消毒供应中心全年稳定运行。

（9）消毒供应中心配备各种设备应遵循重要性、必须性、互补性以及可替代性等原则。符合规范中的基本要求，满足医院现有需求，符合医院发展的需要，主要设备应有备份，设备配置"大小搭配互补"，保证工作流程顺畅。

（10）消毒供应中心安装施工主要包括电力系统、给排水系统、空调通风系统和蒸汽系统。

① 大型设备、有特殊要求的设备使用独立带保护的电源，且宜采用双电源回路，以保证设备的在运行过程中处于不间断的状态。

② 根据工作区用水的不同性质，给排水系统应分别配备冷水、热水、反渗透水和酸碱性氧化电位水等专用管道。

③ 空调水管及风管要注意在施工过程中保证无泄漏，并应做好保温处理，避免形成冷凝水。

④ 蒸汽在消毒过程中形成的冷凝水的温度仍然较高，不能直接排入主体排水系统中，需经降温后方可排出。

7.2.6 放疗中心建设要点

1）规划与设计管理

（1）新建的放疗中心通常会配置直线加速器、后装机、C臂机、热疗机、CT模拟位机、深部X线机及螺旋断层放疗机等大型治疗诊断设备。而且直线加速器通常会配置多台不同型号、不同能量分档甚至不同厂商的产品。规划设计前期，业主单位多与各类设备厂家沟通，充分了解各类设备的功能、特性及发展动态。

（2）放疗中心的规划设计主要流程：根据功能需求，首先确定放疗中心的位置和建筑使用面积，然后根据医疗流程和医疗设备使用需求调整具体房间布局，最后按防护要求和规范要求进行细部设计。

（3）放疗中心的布局方式通常包括独立分散式、半分散式和集中式。各种布局方式皆有优缺点，可根据医院建设用地、建设投资、医疗工艺等具体情况进行选择。独立分散式是指放疗中心建筑完全独立于医院主体建筑之外；半分散式是指放疗中心建筑在主体建筑之外，由连廊将两者连接，或将放疗中心布置在景观绿化底下，由地下通道连接主体建筑；集中式是指将放疗中心设置在新建主楼中，通常位于最底层。

（4）由于放疗中心是一个由多种功能组合在一起的部门，包括诊断检查、模拟定位、制订治疗计划、治疗和研究等众多相关内容。放疗中心的内部功能设计应保证各功能区域分布合理，各自成区，又方便联系。

（5）放疗中心的内部功能设计应重点处理好几种关系：①直线加速器室与相关治疗区的协同工作；②多台加速器机房的相互组合形式；③治疗、检查用房与医生工作区的关系，治疗区与病人等候区的关系；④治疗室与配套设备用房的相互联系；⑤大型设备安装路线的设计。

（6）放疗中心除了设置治疗功能空间用房，还应设置宣教室、更衣室、医生休息室等人性化的辅助用房。适当增加面积，以满足无障碍的要求，有条件时还可设衣物柜方便患者存放衣物。

（7）在明确每个治疗室的设备要求后，要重点考虑对加速器室进行有效组合，使内部空间既符合单个房间的要求，又能够共用部分资源，如共用钢筋混凝土防护墙体、增加可使用空间并降低土建造价。

（8）机房下方不宜设置房间；控制室和机房不能设置观察窗，应设置探头进行观察。所有穿过控制室的探头、房间内空调的预埋管线、弱电管线等预留孔洞必须位置准确。如果有条件，可尽量多预留孔洞，用于弹性发展备用。

（9）放疗中心水冷机组在设备运行时发热量非常大，配套的电器控制柜也有比较尖锐的运行噪音，因此在配套用房除设有完备的空调设施调节环境温度外，必须设单独房间安装水冷机组和配电柜，既要位置靠近，以免降低水冷机组的效率，又要做好隔音降噪措施，为病患和医护人员提供良好的设施环境。

（10）大型放疗中心内部科室众多，流线较为复杂，应该做好标志导向系统的设计，提供良好的认知环境，以方便患者确定自己的位置以及寻找要去的场所；另外，放疗中心是会产生辐射的场所，在辐射区要有明显的防辐射标志，以提醒人们注意回避以免误入辐射区受到不必要的伤害。

（11）目前大部分放疗中心都设置于地下，其内部环境相对较为阴暗闭塞，不利于医生患者的身心健康。应坚持开放、接近自然的设计理念，应对放疗中心进行人性化环境设计，让患者及医务工作人员都能够直接感受到具有亲和力的、贴近生活的宜人环境。设计范围包括外部环境、等候空间和检查治疗空间。

（12）高能放疗机房应当采用迷路式室内设计，设置的防护物应具有足够重叠宽度；机房内要进行软装修，防止中子及相关射线产生；CT模拟定位机要求墙砖有足够的厚度。

（13）由于辐射防护的需要，患者要通过一条较长的迷道才能进入密闭的放疗室，迷道应该宽敞明亮并装饰有轻快的色彩和艺术图案，以降低患者的闭塞和恐惧感。并且做好天花的艺术装饰设计，以改善视觉环境对患者在治疗中的心理影响。

（14）各放射诊疗设备机房均应在适当位置设置有工作指示灯、电离辐射警示标识、双向对讲系统、监视系统和应急照明灯、门机联锁和机房门防撞防挤压开关等安全防护设施，符合相关标准要求。

（15）设计阶段应进行医疗放射性辐射环境影响评价和职业病危害（放射防护）预评价，竣工验收前应进行职业病危害控制效果评价。

2）设备招标与施工管理

（1）在医疗设备招标采购前期，业主方首先需要组织专业单位进行放射评估，依据放射评估结果，出具放射评估报告，确定防护的做法和施工实施方案。

（2）当放疗中心布局设计位于地下室，应规划好大型设备安装时的运输路径，可以应用 BIM 作安装虚拟模拟，要求通达顺畅，可操作性强。在建筑周边选择安全方便的位置，预留设备吊装口，大型吊装口宜作为永久性的敞开空间，以便设备在若干年后的老化更新时进出使用。

（3）加速器从吊装口直到机房的室内外运输路线，在设计初期布局时结合建筑空间设计进行综合规划，并且对运输路线所涉及的建筑结构进行荷载复核，保证足够的承载力和施工安全性。

（4）各放射诊疗机房房间为密封环境，空调制冷和新风量必须充足，空调与新风系统的招标采购应强调设备性能参数满足。所有机房均应安装独立的动力排风装置以满足机房正常通风要求，机房的排风口设置与进风口应呈对角设置，排风管道均应呈"U"形穿墙至机房墙外，排风管道延至高出机房室顶，并且应设有防鼠、防雨装置。

（5）新建放疗中心大体积混凝土的施工管理。选择有资质的施工单位，制订专项施工方案，采取相应的措施保证大体积混凝土不得出现任何空泡、缝隙，一次性浇筑混凝土，不能分次浇筑，特别是放射机房不能有竖向施工缝等缺陷。

（6）放疗中心的防护工程中常用材料有混凝土、硫酸钡水泥、铅板和反辐射涂料等。针对不同房间要选择不同的防护材料。防护工程的材料选择主要考虑材料的防护性能、造价以及施工工艺。对于低能辐射区域可采用混凝土、硫酸钡水泥等材料防护。防护窗采用铅玻璃窗，防护门需要内衬铅板，中子辐射还需增加石蜡防护层，电磁屏蔽工程的材料一般为金属板材和网材。

7.2.7 核医学中心建设要点

（1）核医学中心的设计需要做放射测验和放射危害与控制效果评价、放射对工作人员的影响评价、医疗放射性辐射环境影响评价及职业病危害（放射防护）预评价等内容，并出具评审意见，仅当评审结果符合相关要求后方可建设，竣工验收前应进行职业病危害控制效果评价。

（2）核医学中心的工作场所从功能设置上可分为诊断工作场所和治疗工作场所，按照不同场所的基本放射防护要求进行防护设计，应满足《临床核医学放射卫生防护标准》（GBZ 120—2006）的相关要求。

（3）平面布置应按"控制区、监督区、非限制区"的顺序分区布置，根据《电离辐射防护与辐射源安全基本标准》（GB 18871—2002）的有关规定，结合核医学科的具体情况，对控制区和监督区采取相应管理措施。

（4）各级医院在核医学购置装备时，需综合考虑核医学技术发展迅速、设备更新快、少数设备经费投资较大的特点，应遵循分步实施、国产化、集中管理、公开引进等原则。

① 核医学中心应有计划有步骤地分步实施大型设备的添置或更新。三级以上的医院应该配备单光子发射型计算机断层显像仪（SPECT）、脏器显像、体外分析和核素治疗工作，根据医院的诊疗量，宜配备1台以上的双探头SPECT。

② 国产设备如能满足技术要求，应立足于国产设备。

③ 凡设立有核医学科（中心）的医院或研究机构，核仪器设备应集中于核医学科（中心）管理，充分发挥仪器的效用，并且利于放射卫生防护。

④ 购置SPECT/CT、正电子发射型计算机断层显像仪（PET、PET/CT）等贵重设备时，应根据国家有关规定采取公开招标方式引进。

（5）核医学中心的建筑要求主要根据开放型放射性工作单位的类别和工作场所的级别而定。具体内容包括正确选址、用房的合理布局、内部设施及附属设施应符合放射防护要求等，设计专用的放射性污物收集和处理系统。

（6）核医学按照各功能用房辐射强度的梯级"无辐射—少辐射—强辐射"进行功能组合的设计模式。这种设计模式可以使核医学对医院其他部门的辐射污染程度降到最低，同时为该部门在未来的可持续发展提供可能，如更换设备、加建功能用房等。

（7）临床核医学科应自成一区，充分考虑周围场所的安全，不应邻接产科、儿科、食堂等部门。尽可能相对独立布置或集中布置，有单独出入口，出口不应设置在门诊大厅、收费处等人群稠密区域。放射源应设单独出入口。控制区应设于尽端，控制区出、入口均应设置门锁权限控制和单向门等安全措施，限制患者随意走动，保证工作场所内的工作人员和公众免受不必要的照射。

（8）核医学中心的显像检查室最好与放射、超声等专业科室集中在同一建筑物内，以便相互联系和统一管理，组成完整的影像科室。

（9）核医学治疗专用病房应与普通病房分开。病房面积应按照病床数量计划，除了按照普通病房考虑其功能设施和工作空间外，还要考虑辐射防护相关的空间配置；病房要求整体屏蔽，即天花、地面、墙体、门窗、玻璃及排水都需要屏蔽，且病床与病床之间需加射线防护屏蔽层；同时，必须设有符合环保要求的放射性污物排放和存储系统。

（10）治疗区域和诊断区域应相对分开布置。根据使用放射性药物的种类、形态、特性和活度，确定治疗区（病房）的位置及其放射防护要求，给药室应靠近病房，尽量减少放射性药物和已给药治疗的患者通过非放射性区域。应为住院治疗病人提供有防护标志的专用厕所，对病人排泄物实施统一收集管理，专用厕所应具备使病人排泄物迅速全部冲洗入池的条件。

（11）病房采用终端控制装置，含摄像对讲装置，并在入院之前告知病人，保护病人隐私。床头终端装置连接无线 iPad，直接了解病人辐射量。医生办公室和医生工作区域应该安装监控、察看、呼叫和对讲装置。公共区域采用视频监控，家属要探视，需在限制区外设置电话或对讲装置。

（12）放射性废物应根据废物的形态及其中的放射性核素种类、半衰期、活度水平和理化性质等，将放射性废物进行分类收集和分别处理。使用核素的日等效操作量较大的核医学中心，应设置有放射性污水池以存放放射性废水，直到符合排放要求时方可排放。核医学中心的钢筋混凝土结构蓄水池容积大小，根据病人的洗澡和小便量计算确定，上水管与下水管应分开。放射性污水池应合理选址，池底和池壁应坚固、耐酸碱腐蚀和无渗透性，应有防泄漏措施。

（13）核医学中心一般不设置公共浴室，洗澡最好采用刷卡形式进行限制使用，防止废液排放超过衰减池的容量。核医学中心一般采用粉碎性马桶，防止堵塞，保证下水道通畅。

（14）核医学中心放射性排气，需过滤排风口，排气口应高于本建筑物屋顶，且不能影响相邻的建筑物，排出空气浓度应达到环境主管部门要求。

（15）核医学中心设有污物间，用于日常配液产生的医用垃圾。

（16）核医学中心设有配餐室，用于传递患者平时用餐时需要传递的物品。病人应采用一次性饭盒，保洁人员进出路线清晰。

（17）核医学中心设有限制区域，患者服后关闭，除紧急情况外，不得进出住院患者口服喝药的房间。

（18）核医学中心设有被服库房，用于存放干净的被服。

（19）核医学机房防护体屏蔽设计一般包括单一材料同等辐射防护体、单一材料主次辐射防护体、复合材料主次辐射防护体等几种形式。其中单一材料主次辐射防护体的材料相对比较便宜，施工技术较为成熟。

（20）核医学中心的辐射防护材料一般使用防辐射混凝土，它是一种由胶结材料与重集料组成的混凝土，除具备普通混凝土的基本性外，还能有效屏蔽 α、χ、γ 射线和中子流的辐射。回旋加速器采用大体积混凝土浇筑时，应避免采用重晶石或铁作为骨料。

（21）核医学中心大体积混凝土施工时，应采取适当措施防止混凝土裂缝。墙洞必须由各专业配合预留，设备穿墙预埋管线应沿墙厚呈 S 形或折形设置，而且室内应避开主射线照射区域。

（22）根据放射防护法规，新建、扩建、改建放射性工作场所，工程项目的选址和设计必须报经所在地区卫健、公安、环保部门同意后，报省卫生、公安、环保部门验收合格，领取许可证后，方可启用。

7.2.8　其他特殊用房建设要点

1）诊疗中心

（1）基于"大学科""大综合""大联合"概念，致力提升医院以重点学科为核心、解决疑难重症的临床专科服务能力，集该学科（群）门急诊、医技、手术、住院、科研和医工转化等功能于一体，建设临床诊疗中心。

（2）诊疗中心的功能布局原则上可独立于医院既有建筑，建设规模以该学科实际设置的专科床位数进行测算。

（3）诊疗中心的主要建设内容包括与重点临床专科相关的基本医疗业务用房、临床科研用房、教学用房、临床科研信息一体化中心、培训教育中心以及医工融合科研转化中心等，以满足"一站式"临床诊疗模式以及多学科协作 MDT 诊疗模式的要求。

（4）临床诊疗中心的内部房间布置，应使医院医疗布局更科学合理，围绕患者开展合理的医疗流程，设计完善的垂直交通系统，尽可能缩短患者的往返流线，形成一整套井然有序的医护系统。

（5）在临床诊疗用房内合理配置科研教学设施，在开展医疗的同时，实现临床技能培训、学生教学、远程会诊、手术示教直播及学术交流等功能，支撑医院的临床研究、临床教学发展。据此构建"产—学—研—医—检—监"新型转化研究平台，打通"设计与开发→标准与评价→转化与生产→注册与审评→监督与反馈"的转化医学全路径。

2）内镜中心

（1）内镜中心（室）属于医技科室的一部分，分为软式内镜和硬式内镜两类。其中软式内镜以门诊病人为主，宜布置在医技部分的功能检查区域靠近门诊的一层的端头独立设置，有明显标志；硬式内镜一般在手术部内设置。

（2）内镜中心（室）的功能用房主要包括工作人员更衣室、办公室、值班室、库房、检前准备室、检查室、麻醉室、复苏室（观察室）、内镜清洗消毒间、储镜室和污洗间。

（3）内镜中心建筑面积应与内镜诊疗工作量相匹配。清洗消毒间应独立设置，面积应与清洗消毒工作量相适应。不同系统内镜的诊疗工作应当分室进行。不同系统内镜的清洗消毒工作的设备和清洗槽应当分开。

（4）内镜中心的平面布局：办公区和患者候诊室（区）一般放在最外面，然后依次为检前准备室、麻醉室、复苏留观室，诊疗区、储存区放在中间部分，清洗消毒区和污洗区放在后端，并尽量靠外墙设置，便于通风，减少气溶胶的污染和降低室内空气中弥撒的清毒剂浓度。

（5）内镜中心的装修要求：候诊区（室）应保持温度适宜、通风良好、光线柔和；检前准备间要注意保护病人隐私，设置遮挡措施；检查区（室）内应保持恒温，设有内置排风道，以加强空气流通；复苏留观室应尽量保持安静，避免强光；清洗消毒室要有上下水设施和地漏，地面有适当坡度便于排水，墙面和地面应作防渗处理，要有自然通风窗保证清洗消毒室的空气流通。

3）血液透析中心

（1）血液透析中心（室）的建设位置首选设在门诊部，也可设在肾内科病房一端。周围无污染源，设置在清洁、安静相对独立的区域。若透析患者数量多，需要倒2或3班时，血液透析中心（室）也可设在住院区域。

（2）血液透析中心（室）的主要功能用房包括透析准备间（治疗室）、阳性透析准备间（阳性治疗室）、无菌物品存放间、工作人员休息室、干库房、湿库房、水处理间、配液间、医生办公室、护士办公室、置管室、普通透析间、隔离透析间、病人休息室、复用消毒室、复用存储间、储藏室、等候室、洗涤间、厕所和预处理间、污物间、透析液盛装桶洗桶间、抢救室、接诊室和缓冲间等。超过10台血液透析机的中心，应设置设备维护工程师办公室，宜设置病人家属休息区域；有条件时可设置专用手术室。

（3）血液透析中心（室）的建设规模应根据实际需求确定，并结合当地的卫生资源分布情况留有发展余地，同时满足相关标准规定：设置血透室的医疗机构至少配备5台血液透析机，三级医院至少配备10台血液透析机。

（4）血液透析中心（室）建筑布局应当遵循环境卫生学和感染控制的原则，其平面布局为：等候区、接诊区和更衣室设置在靠外端，预处理间、污洗间、复用间、洁具间和卫生间设置在后端靠近污梯，其他功能用房设置在中间区域。血液透析中心（室）

按其清洁程度可划分为清洁区、潜在污染区和污染区。

（5）每个血液透析单元由一台血液透析机和一张透析床（椅）组成，透析治疗区内设置护士工作站，水处理间、治疗室等其他区域面积和设施能够满足正常工作的需要。

（6）透析间是透析患者接受透析治疗的区域。普通透析区与阳性区必须分开，二者之间应该有实体隔断，可设缓冲间用于医务人员穿脱隔离衣和手卫生，可采用轻质材料（如铝合金、玻璃）作内部隔断。普通透析与阳性透析病人通道尽量分开，阳性透析产生的污物和医疗废物不应通过普通透析区运送。

7.3 医院智能化系统建设要点

7.3.1 医院智能化系统设计管理

（1）参照国家智能信息化建筑相关标准规范进行医院智能化系统设计，主要遵循实用性、整体性、前瞻性、兼容性、开放性、稳定性、经济性、规范性、易维护性和"总体设计、分步实施"原则，构建高速信息传输通道和信息基础设施，从而适应医院信息应用需求，建设融高效、安全、节能和管理为一体的智慧型数字化医院。

（2）依据《智能建筑设计标准》（GB/T 50314—2015），同时考虑实际需求，综合医院智能化系统的主要配置如表7-10所示，专科医院和特殊病医院可参考相关配置。

表7-10　综合医院智能化系统配置表

智能化系统		一级医院	二级医院	三级医院
信息化应用系统	公共服务系统	◎	●	●
	智能卡应用系统	◎	●	●
	物业管理系统	◎	●	●
	信息设施运行管理系统	○	●	●
	信息安全管理系统	◎	●	●
	通用业务系统：基本业务办公系统	按国家现行标准配置		
	专业业务系统：医疗业务信息化系统、病房探视系统、视频示教系统、候诊呼叫系统和护理响应信号系统			
智能化集成系统	智能化信息集成（平台）系统	○	◎	●
	集成信息应用系统	○	◎	●

续表

智能化系统			一级医院	二级医院	三级医院
信息设施系统	信息接入系统		●	●	●
	布线系统		●	●	●
	移动通信室内信号覆盖系统		●	●	●
	用户电话交换系统		◎	●	●
	无线对讲系统		●	●	●
	信息网络系统		●	●	●
	有线电视系统		●	●	●
	公共广播系统		●	●	●
	会议系统		◎	●	●
	信息导引及发布系统		●	●	●
建筑设备管理系统	建筑设备监控系统		◎	●	●
	建筑能效监管系统		○	◎	●
公共安全系统	火灾自动报警系统		按国家现行标准配置		
	安全技术防范系统	入侵报警系统、视频安防监控系统、出入口控制系统			
		停车库（场）管理系统	○	◎	●
	安全防范综合管理（平台）系统		○	◎	●
	应急响应系统		○	◎	●
机房工程	信息接入机房		●	●	●
	有线电视前端机房		●	●	●
	信息设施系统总配线机房		●	●	●
	智能化总控室		●	●	●
	信息网络机房		◎	●	●
	用户电话交换机房		◎	●	●
	消防控制室		●	●	●
	安防监控中心		●	●	●
	智能化设备间（弱电间）		●	●	●
	应急响应中心		○	◎	●
	机房安全系统		按国家现行标准配置		
	机房综合管理系统		◎	●	●

注：●–应配置；◎–宜配置；○–可配置

（3）医院智能化系统设计全过程通常可划分为概念方案设计、初步设计和施工图设计三个阶段。项目方案设计、初步设计和施工图设计应满足国家对智能化专业设计的有关要求。具体的设计部署步骤包括：

① 编制规划。主要内容包括医院当前的信息化目标、各部门信息系统部署、分步实施策略。

② 编制设计任务书。基于医院智能化系统的总体定位和设计原则，考虑当前的投资规模，细化设计任务书。

③ 方案设计。包括概念方案设计和初步方案设计。

④ 方案优化。专家咨询、论证，各专业公司参与，不断完善设计方案，形成初步设计成果。

⑤ 施工图设计。施工图设计文件，应满足设备材料采购、非标准设备制作和施工的需要。智能化专业设计文件应包括封面、图纸目录、设计说明、设计图及点表。其中技术需求或要求书应包含工程概述、设计依据、设计原则、建设目标以及系统设计等内容；系统设计应分系统阐述，包含系统概述、系统功能、系统结构、布点原则和主要设备性能参数等内容，便于列入招标文件。

（4）医院智能化系统工程的设计阶段管理，是基于医院方高效、安全、可靠的运行需求，从需求分析、施工图设计、预算编制等方面对医院智能化各系统的管理。医院智能化系统设计阶段管理要点包括以下几个方面：

① 医院智能化系统设计优先选择在医院建筑初步设计阶段介入，有利于减少工程返工、有效控制工程投资；

② 由专业设计咨询单位协助医院方进行医院智能化的全面需求分析，明确医院智能化的定位和功能需求，并进行细化，形成需求分析研究报告；

③ 基于专业设计咨询单位与医院方协同形成的智能化系统建设总体思路，进行医院智能化的总体规划和顶层设计，确定智能化系统实现集成方案和集成模式；

④ 协助业主方对医院智能化子系统的技术选型，遵循实用性、整体性、前瞻性、兼容性和稳定性等原则，面向医院运维，控制技术风险；

⑤ 与医院建筑设计协同推进医院智能化系统设计，完成智能化系统施工平面图、智能化各子系统图、原理图和机房详图；依据医院方功能需求和投资预算，确定分阶段实施方案，并且保证本期实施内容，预留下期扩展接口；

⑥ 协助医院方对智能化各系统所涉及的产品和类似医院工程进行考察，兼顾质量、

安全、服务和经济等因素，选择性价比优良的产品；

⑦ 编制相应标段的设备材料清单、招标技术参数和技术要求、相应的智能化工程造价预算；

⑧ 协助医院方对智能化系统工程的招标，从技术层面上审核投标方案、清单预算，把关投标报价的完整性和合理性，避免投标备选品牌与招标技术要求不对应、缺漏项等错误发生。

7.3.2 医院智能化系统施工管理

（1）管线综合。智能化管线应尽早融入医院建筑机电专业的管线综合，可应用BIM技术分阶段进行管线综合，从而减少返工和变更，产生良好的效益。

（2）施工进度管理。智能化工程施工进度表是基于土建总包的施工进度进行编制的，主要包括材料准备、人员进场、管线施工、设备订货、设备报验、设备安装、子系统调试、试运行、培训和竣工验收等施工阶段。密切配合土建工程、强电安装、装饰装修等相关专业，组织好施工人员和设备材料供应，可采用协调表、周例会等方式进行进度控制。

（3）施工界面协调管理。涉及智能化系统施工的界面复杂，可包括各子系统和工程施工界面、智能化系统与其他专业的施工界面、大规模智能化工程分标段的施工界面等情况，都需要提前沟通协调，以书面文件、会议纪要等形式进行约定，做好各类接口和界面的协调。

（4）施工组织管理。由于智能化工程处于设施设备与装饰装修交叉的施工状态，且处于工程收尾阶段，突击赶工的情况较有普遍，为了科学合理地安排工期，根据施工进度计划，适时地组织人员、设备和材料进场显得非常重要，必要时可应用BIM-4D模拟分析，用足时间和空间，达到良好的组织管理效果。

（5）施工现场安全管理。由于智能化系统工程施工现场环境复杂，多与强电接触，高空作业情况较多，应按国家规范和法规要求，采取合格的安全防护措施，做好安全交底、安全培训、安全教育和安全检查等管理工作。

（6）智能化施工管理。智能化施工应按照规范要求，编制智能化节点验收方案，并组织阶段性节点验收。由于医院智能化子系统很多，且产品种类和参数较多，因此应严格按照招标文件的要求，检查所有进入施工现场的设备和管线，是否满足施工图设计要求，从材料、设备参数、性能指标、品牌档次和安装点位等方面严格控制质量。

对于招投标方案中限定的进口品牌，应严格核验其产品，区别原装进口和国内组装等不同类别，保证智能系统的性能质量。

7.4 医院智能物流系统建设要点

7.4.1 医院智能物流系统建设需考虑的问题

（1）智能化物流需要考虑的问题包含：可传输的物品种类、传输效率、可靠性与安全性、经济效益运行成本、售后服务及社会效益等。

（2）运行中的医院可进行智能化物流改造以满足医院运行的需要。改造中的物流建设需要考虑的可行性指标包括：

① 有利于合理规划楼宇分布；

② 分步实施，日益完善；

③ 保护老建筑，结构破坏小；

④ 消防安全；

⑤ 改造期间正常营业。

7.4.2 医院智能物流系统性能和功能要求

（1）医院物流传输系统应具备如下基本性能：

① 较高的传输效率；

② 较大的载重量范围；

③ 柔性三维空间传输，不是二维简单的水平或垂直传输；

④ 易操作性，操作键盘简明、清楚；

⑤ 准确性、高可靠性，系统由计算机控制来保障；

⑥ 易维护维修性，故障信息应显示在信号屏上，排除故障指示清楚；

⑦ 消毒站设置，防止传染，是医院物流传输系统必备的设置之一；

⑧ 存储线设置，满足大传输量、高频率传输之用；

⑨ 可追溯。

（2）医院物流传输系统的高级功能：

① 网络功能，通过与医院计算机信息网络系统相连，实现数据共享，便于管理人员进行数据统计分析数据，加强物流管理。

② 丰富的控制功能，可实现传输载体自动转移、排队、抢先发送和拒绝发送等丰

富的程控功能。

③计算机全程监控，进一步保障了系统的可靠性及易维护性。

④计算机远程诊断功能。通过计算机网络保障了最快最好的售后服务。

7.4.3 医院智能物流系统分类及适用范围

（1）智能物流系统分类及适用范围如表7-11所示。

表7-11 智能物流系统分类及适用范围

分类	子类	适用范围	系统类型
运输要求	紧急传输	临时性传输的小件物品、单剂量药品	气动物流轨道小车中型物流
		有效性的物品，如病例、血标本、血袋等	
	非紧急传输	污衣、被服、垃圾、餐食和大批量药品	AGV自动导航车
		污衣、被服、垃圾	垃圾回收系统
仓储要求	集中式仓储	手术室、供应室、后勤库及药房智能存储管理与运输	水平回转柜垂直提升柜墙壁式仓储单剂量药房
	分散式仓储	各科室临时性存储	普通药柜

（2）典型运输系统特点及适用范围如下：

①气动物流传输系统（PTS）。医用气动物流系统是一种以压缩空气为动力，在密闭的管道中传送各种物品的一种自动传输系统。气动物流是医院必配方案，可传送的物品包括：检验标本、病例切片、药品、输液袋、血制品、单据、X线片和文档等。PTS主要使用部门及科室：药局、配液中心；检验科、病理室、采血室和手术室；护士站、中心供应室、放射科；门急诊、诊疗室、出入院、病史室、ICU、血库、抢救室及各种行政职能科室。

②轨道小车物流系统（ETV）。ETV是将医院的各个科室通过收发工作站和运输轨道连接起来，通过受电脑控制的运载小车在各科室间进行物品传递的系统。ETV适用部门及传输物品如表7-12所示。

表7-12 智能化轨道物流传输系统可传输的物品

需传输物品的主要部门	传输的物品
静配中心	静脉输液
药房	各种药物
检验科	检验样本
病理科	病理样本
血库	血液制品
护理单元	治疗包、输液、药品、一次性无菌物品及样本等
急诊科	治疗包、输液、药品和一次性无菌物品
手术室	手术包、治疗包 、输液、药品、一次性无菌物品及样本等
中心供应室	手术包、治疗包、一次性无菌物品

③气动物流、轨道小车物流、箱式物流和医院物流机器人的比较见表7-13。

表7-13 四种物流系统的比较

	气动物流	轨道小车物流	箱式物流	医院物流机器人
输送重量	≤ 5kg	≤ 15kg	≤ 50kg	≤ 300kg
输送速度	5m/s ～ 8m/s	水平 0.6m/s ～ 1m/s 垂直 0.4m/s	水平 0.3 ～ 0.5m/s 垂直 1.75m/s	0m/s ～ 2m/s
运送物品	各类标本、药品、血液制品、小型器材、单据和胶片等，以小型、紧急、零星或小批量物品为主	标本、药品、中小型器材、单据、文件、X 线片、中心配液和档案等中等批量的医用物品	标本、药品、小型器械、单据、文件、X 线片、档案、较大体积的器械、中心配液、被服和中心供应物品等批量相对较大的医用物品	手术包、高值耗材、中心配液、中心供应、药品、标本、小型器械、单据、文件、X 线片、档案、被服、垃圾和餐饮，可面对较大体积、相对较大重量的批量物品运输
系统特点	速度快、设备占用空间小、受建筑限制少，适合新建或改建建筑	物品传输效率高，轨道上可有多个小车同时发送；物品传输安全性高、系统建筑空间占用低、整体外形美观	单次传输量大、基本不受体积限制、输送箱使用存放方便、物品始终水平放置，可以连续不断输送，在途自动分拣	目前单次运输体积、运送重量最大的运输方式，运输速度中等。可自动控制门禁、自动控制电梯。能满足单点对单点以及多点对多点的运输

续表

	气动物流	轨道小车物流	箱式物流	医院物流机器人
系统特点	传输量小、体积小、重量轻和液体需密闭,适合点对点传输,不适合大批量物品	大型器械包等较大物品不适宜传输、需要建立垂直井道	工作站占地空间较大、需要建立垂直井道	跨楼层运输要占用电梯资源,对于电梯数量较少的医院,则更适用于手术室、库房等内部平层场景。垂直输送时建立专用电梯系统比较理想
适宜输送	临时医嘱药品、急诊标本等随机性比较强、小规模非批量的、对速度要求高的物品	规格小于传输车车体的物品;需要注意易滴漏、破碎的物品运送方法	医院内各种中型箱体可装载的批量物品	各类物资均可使用;尤其是固定批次、大体积、重量大的物资,更能体现优势
现状	中小规模医院或局部传送	大中型医院	大中型医院	大中型医院

④ 自动导航车（AGV）。主要传输任务是有计划的大批量物品。自动导航车载重量达 450kg,特别适合传输衣物被服、餐车、垃圾、常规用药和中心供应室内各种手术器械包等。

⑤ 垃圾被服回收系统。垃圾被服收集系统是以风机为动力源,将管道铺设至每一个投放口和管井的底部,真空收集垃圾和被服的一套自动化系统,可解决医院污物和被服的传输。

（3）除以上物流传输系统外,还可以进行智能化物流传输设备的整合,如:将气动物流传输系统（PTS）和自动化导引小车系统（AGV）结合起来就可以实现全院建筑内所有小件物品和有计划的大型物资智能化运输。

7.4.4 医院智能物流系统的土建设计与施工配合

（1）针对轨道小车,①各个物流点位的布置,在便于物流小车可达性大的原则下,同时保证便于医务人员取用,并避免病患误碰;②还需要在局部楼层的局部区域,在不影响平面使用的位置,布置物流小车存车、等候的空间,这些空间往往布置于物流量较大的检验科、病理科等科室;竖向轨道管井,需要布置于距各个点位距离均衡、同时隐蔽且便于检修的平面位置;③结合呼车需求合理布置存车库,如在住院药房等洁车呼车频率高的区域附近设置洁车库,在病房楼分层段设置污车库等;④水平轨道路由尽量避让主要结构梁及设备管线，同时尽量保证其下部空间净高，还要减少物流小车轨道敷设长度。

（2）物流系统作为穿越建筑竖向及水平防火分区的移动机电设备，需要为其专门配置相应的井道防火封堵及水平自动防火门。这些消防措施同时需要与火灾自动报警系统相联动，由应急供电系统支持，并在穿越防火分区的位置由冗余消防喷淋点位保护。

（3）智能物流系统建议在建筑方案阶段进行策划，与工程同步规划设计、同步实施。

（4）供电、智能化管理等功能需要集成至楼宇智能化或医院智能化监控与管理平台中。

7.5 医院建筑信息模型（BIM）应用要点

7.5.1 医院建筑全生命周期 BIM 应用价值及应用点

（1）BIM 应用价值

包括有助于前期策划、决策和可行性论证；有助于提升设计的可视化效果；有助于减少设计错误、提升设计质量；有助于医院建筑的可持续性设计以及提升建筑性能和品质；有助于参建各方和各专业沟通协调，提高沟通效率和效果；有助于早期的造价控制及精细化过程控制；有助于可施工性分析提升施工方案水平；有助于设计变更和价值工程分析；有助于设计和施工的协作；有助于监控进度、质量、安全等项目目标；有助于后期运维，为医院运行提供丰富而准确的建筑和设备设施信息；有助于智慧医院的建设与运营管理。

（2）不同阶段应用点具体如下，根据需要进行调整或增加：

① 策划及设计阶段应用，包括规划或方案模型构建、场地分析和土方平衡分析、建筑性能模拟分析、设计方案比选、虚拟仿真漫游、人流车流物流模拟、医疗工艺流程仿真及优化、特殊设施模拟分析、特殊场所模拟分析、建筑结构及机电等专业模型构建、建筑结构平面立面剖面检查、面积明细表及统计分析、建筑设备选型分析、空间布局分析、重点区域净高分析、造价控制与价值工程分析、冲突检测及三维管线综合、竖向净空分析及 2D 施工图设计辅助等。

② 施工准备及施工阶段应用，包括既有建筑的拆除方案模拟、市政管线规划或搬迁方案模拟、施工深化设计辅助及管线综合、施工场地规划、施工方案模拟比选及优化、预制构件深化设计、发包与采购管理辅助、4D 施工模拟及辅助进度管理、工程量计量及 5D 造价控制辅助、设备管理辅助、材料管理辅助、设计变更跟踪管理、质量管理跟

踪、安全管理跟踪及竣工 BIM 模型构建等。

③ 动用准备及竣工验收阶段应用，包括开办准备辅助、设备及系统调试辅助、人员培训辅助、BIM 成果验收及移交、竣工结算决算审计及后评估辅助和竣工档案管理等。

④ 运维阶段应用，包括空间分析及管理、设备运行监控、能耗分析及管理、设备设施运维管理、BAS 或其他系统的智能化集成、人员培训、资产管理、应急管理和基于 BIM 的运维系统应用等。

7.5.2　BIM 应用的不同层次和组织模式

1）BIM 应用的不同层次

（1）面向不同阶段的应用层次如下，建议三级甲等医院或规模较大的新建项目采用全生命周期应用方式。

① 建设阶段点式应用。即在工程建设阶段，针对特定目的而开展的 BIM 应用，通常是为了解决项目中的某些特定关键问题，例如医疗空间和工艺方案论证、管线综合和优化、手术室设计及优化等。

② 建设阶段全过程应用。即从前期策划到动用前准备的决策和实施阶段全过程应用（或实施阶段全过程应用），这一模式主要为项目投资、进度、质量及安全等目标控制和项目增值提供辅助及支撑。

③ 运维阶段应用。即在运维阶段结合后勤管理、改造更新等工作开展 BIM 应用，通常为解决运维管理中的关键问题，例如既有建筑逆向建模与分析、基于 BIM 的后勤智能化平台构建、空间管理等。

④ 全生命周期应用。这一模式能充分发挥 BIM 的数据、信息和知识价值，为建筑、设备和设施的全生命周期管理提供增值支撑，并进一步对接后勤智能化管理平台、HIS 或智慧医院运维系统等。这种模式可进一步扩展到全院的新建、扩建、大修改造以及既有建筑中的应用。

（2）面向不同深度的应用层次，包括基本应用、扩展应用和高级应用，根据项目情况，参考《医院建筑信息模型应用指南》进行确定。建议三级甲等医院适当采用扩展应用和高级应用内容。

2）BIM 应用的不同组织模式

（1）本部分所指应用组织模式是指医院建设单位或代建单位组织实施的 BIM 应用工作模式，BIM 应用建议采用业主方驱动的应用组织方式，即由业主方提出应用需求、策划应用方案、管理应用过程等。在这一过程中，业主可聘请专业的 BIM 咨询单位协助策划和管理。

（2）常见的组织方式及适用范围如下：

① 平行应用，即由参建单位分别承担 BIM 应用，主要是设计院、施工单位或者专项分包单位分别在设计阶段和施工阶段开展 BIM 应用工作。适用于项目规模小、复杂程度低和应用点少的项目。

② 第三方管理咨询，即由专业咨询单位负责 BIM 应用的总体应用和管理工作，各参建单位根据需要参与 BIM 应用工作。适用于大型工程全过程、全方位 BIM 应用。

③ 医院（或建设单位）自行应用管理，即医院（或建设单位）自行开展 BIM 应用，或部分混合以上两种组织方式。适用于建设单位 BIM 专业力量强大，或项目规模较小、复杂性较低、应用点较少情况，以及全院全面应用 BIM 等情况。

7.5.3　基于 BIM 的项目管理平台和运维管理平台

1）基于 BIM 的项目管理平台

（1）平台选择及应用

① 若采用开发方式，需要委托专业化公司进行基于 BIM 的项目管理平台开发（或二次开发）及维护，并由 BIM 应用总组织单位负责实施。若采用引进方式，需要充分考察、试用和评估各类平台优缺点，在同等效用下，应优先考虑 BIM 咨询公司自有平台，以尽可能节省成本，也有利于平台的实施和二次开发。

② 对于一些满足特定专业功能的基于 BIM 的项目管理软件，可考虑单独采购或要求 BIM 应用单位采购并包含于相应报价中，例如 4D 软件、基于 BIM 的造价分析软件等。

③ 平台的应用需要参与各方共同参与，需要组织协调各单位开展基于 BIM 的项目协同平台进行必要的培训，并在应用过程中进行督促和检查。可结合项目管理流程以及平台功能，确定标准化的工作流程，以实现基于协同平台的流程管理，规范项目管理过程，提高项目管理效率。

（2）平台的功能

由于技术发展较快，需求也在不断变化，平台的功能也在不断拓展，不同的产品具有不同的功能组合，常用功能包括：

① 模型可视化浏览、漫游、测量及模型资源集管理等。

② 对问题信息和事件在模型中进行定位，并进行标注，查看详细信息和事件。

③模型版本管理。能进行多个版本的记录、比较和管理。

④项目流程协同，如变更审批、现场问题处理审批、验收流程等。

⑤图纸信息模型关联及变更管理。项目各参与人员通过平台和模型查看到最新图纸、变更单，并可将二维图纸与三维模型进行对比分析，获取最准确的信息。

⑥进度计划管理。通过图片、视频和音频等，对现场施工进度进行反馈，或采用视频监控方式，及时或实时对比施工进度偏差，分析施工进度延误原因。

⑦质量安全管理。通过文字、照片、语音等形式记录问题和关联模型位置，并可对整改结果进行回复。针对基坑等关键部位，可通过数据分析，进行监测管理或者趋势预测。

⑧造价与合同管理。将造价、合同、变更及支付信息与模型进行关联，以反映各部分、各阶段造价变化情况，进行造价控制。

⑨文档共享与管理。

2）基于BIM的医院运维管理平台

（1）医院后勤信息化是一个复杂的系统，既包括现有平台的升级和整合问题，也涉及新平台的应用和集成问题。应评估BIM的运维管理平台应用的必要性，与现有平台结合的技术路线、成本、运行效果以及风险等问题。

（2）鉴于当前尚缺乏成熟和广泛适用的此类平台，建议委托专业单位，开展基于BIM的运维系统论证，采购基础平台或个性化开发。

（3）大型平台系统的应用往往是一个系统工程，既需要软件和硬件支撑，也需要培训教育和组织支撑。应重视基于BIM的运维系统培训、实施方案的制订、组织和制度的配套变革等。

（4）基于BIM的运维管理平台应具备以下基本功能：

①模型的转化、更新、操作与维护管理。

②空间分析与管理，包括空间分配、空间定位、空间统计、空间单元模型管理（如手术室、实验室、病房等）、物理空间实时监测数据呈现和空间改造分析等。

③设备运行的可视化监控，包括定位、展示、拓扑结构、实时监测数据呈现和报警定位等。

④能耗分析与管理，包括不同维度的能耗统计分析、能耗监控与预警、设备的智能调节方案及实现。

⑤能耗的预测及能耗使用方案优化，各类报告定制、生成与展现等。

⑥ 设备设施的维护管理，包括维护信息的加载与管理、主动维护计划的生成、可视化报修、维护改造风险评估、可视化辅助维修和数据管理等。

⑦ 资产管理，包括资产的数据、资产定位、资产数据的更新和数据统计分析等。

⑧ 辅助人员培训与应急模拟分析，包括模拟体验、培训方案拟定和实施、应急灾害分析、突发事件分析等。

7.5.4 BIM 成果要求及验收

（1）策划及规划设计阶段的 BIM 应用成果主要包括：规划及方案设计、扩初设计、施工图设计不同阶段和各专业、不同深度的 BIM 模型；医疗工艺流程的 BIM 模拟分析报告；医院内人流、车流、物流的交通组织模拟视频及分析报告；医院建筑的消防疏散、冲突检测、管线综合、净高和空间布局等其他性能模拟分析报告。成果提交应具提前性，及时提供给医院业主方、设计院等管理技术人员，充分应用 BIM 优化设计成果，提高设计成果的质量。

（2）施工准备及施工阶段 BIM 应用成果主要包括：场地准备（既有建筑拆除、管线搬迁等）模拟视频及分析报告；施工场地规划模型及分析报告；地下工程、地上结构、管线设备安装及装饰装修工程的施工模拟视频及分析报告；施工进程中应用 BIM 进行进度、造价、质量与安全控制的分析报告。成果提交应具足够的提前量，通常宜提前1~2 周，有时甚至提前 2~3 个月，视施工单位优化配置"工料机"等资源的周期而定，从而真正执行"BIM 先模拟再施工"的原则。

（3）竣工验收阶段的 BIM 应用成果主要包括：建筑、结构、机电、医疗设备设施、装饰装修、市政景观等各专业竣工 BIM 模型、文档、图片和视频等。

（4）运维阶段的 BIM 应用成果主要包括：运维化、轻量化处理的各专业运维 BIM 模型，相关文档及软件系统。

（5）竣工验收及运维阶段的 BIM 应用成果主要包括：建筑、结构、机电、医疗设备设施、装饰装修和市政景观等各专业竣工 BIM 模型；轻量化、运维信息处理的各专业运维 BIM 模型；运维平台操作等相关文件及软件成果。

（6）在成果验收方面，不同成果、不同阶段验收的方式不同。

7.5.5 BIM 应用取费模式

（1）BIM 建模及基于模型的分析。服务取费一般基于建筑面积进行计算。一些特定空间的建模也可按照功能单元按项计算，例如手术室、大型机房、样板房等。该部分取费可参照各地已发布 BIM 取费标准。

（2）基于 BIM 的项目管理咨询或专业顾问服务。该服务内容通常参考项目管理服务取费模式进行计算。

（3）基于 BIM 的相应平台或软硬件服务。该类型内容可参照信息化平台及应用咨询取费方式进行计算。

（4）面向 BIM 的科研创新服务。该部分通常根据工作量和工作难度进行测算，采用固定包干价格方式。

7.6 医院建设未来发展趋势

7.6.1 国家医学中心和国家区域医疗中心建设与发展趋势

（1）依托现有三级医疗服务体系，合理规划与设置国家医学中心及国家区域医疗中心（含综合和专科），充分发挥国家医学中心和国家区域医疗中心的引领和辐射作用。

（2）国家医学中心将在全国范围按综合、肿瘤、心血管、妇产、儿童、传染病、口腔和精神专科类别设置。同时，根据重大疾病防治需求，设置呼吸、脑血管、老年医学专业国家医学中心。

（3）国家区域医疗中心按照每个省（自治区、直辖市）遴选在医、教、研、防、管理均具有领先水平的综合医院，设置建设 1 个综合类别的国家区域医疗中心。

（4）国家医学中心主要定位于，在疑难危重症诊断与治疗、高层次医学人才培养、高水平基础医学研究与临床研究成果转化、解决重大公共卫生问题、医院管理等方面代表全国顶尖水平和发挥牵头作用，在国际上有竞争力。

（5）国家区域医疗中心主要定位于，在疑难危重症诊断与治疗医学人才培养、临床研究、疾病防控、医院管理等方面代表区域顶尖水平。

（6）国家医学中心和国家区域医疗中心以一个适宜规模的医院为主体，联合本区域内其他医院（含 1 家中医医院）共同承担区域中心的功能和任务。主体医院具有一定数量的国家级临床重点专科建设项目；满足疑难重症诊疗需要，专业构成、病种分布和患者来源合理。

（7）国家医学中心的主体医院为国内一流的医院，医院管理规范化、标准化、专业化、精细化和信息化，能在全国医疗领域发挥示范和引领作用。

（8）国家区域医疗中心的主体医院为区域内符合设置标准的医院或者具备相应服务能力的医院，在规划的服务区域内整体实力强，综合优势明显。

7.6.2 研究型医院建设与发展趋势

（1）定位于高价值和高复杂的医疗服务内容，但将控制规模，服务效能的要求也将更高，形成以研究中心的大科学式医疗、以疾病为中心的多学科团队、以患者为中心的便捷服务和以服务中心的精益就医流程。

（2）将拓展新的医疗服务内容，例如个性化医疗、基因诊疗、精准医疗以及更宽泛的服务内容，例如慢性病护理管理。

（3）双重定位：其他医院的转诊病人和周边区域的急救服务。

（4）一流医院的经验将对其他医院的设计和规划具有重要作用，形成知识驱动的服务再设计。研究和教育将成为重要产出，是新专业的研究和教育培训中心。

（5）将是技术和服务的创新中心，是医疗工艺流程和技术创新以及医疗服务设计的标杆和参照中心。

（6）将是开放和分布式的组织形态，可在不同地方提供服务，不再受物理空间的限制。将形成多专业集成或者虚拟的治疗服务模式，例如多学科会诊（MDT）等。

（7）医院的互联边界将进一步延伸，病例管理人员将协同治疗服务延伸到病人家中。

（8）将诞生新的专业角色，如健康教练、基因顾问、特定病例管理及心理管理专家等。

（9）将和保险公司、行业以及供应商形成风险共享系统。

（10）医院治理将专业化，专业人士将深入参与到医院的战略制订和组织管理中。

（11）将建立集约化、规模化、产业化的临床研究功能型平台，包括临床研究中心、临床研究管理中心、大数据处理与应用中心及智能影像分析中心等。

（12）将整合多家医院，形成医疗集团和医共体，整合和共享医疗资源，统一协调发展，规范医疗服务和采购，以及开展各类医疗创新等。

7.6.3 智慧医院与互联网医院的建设与发展趋势

（1）智慧医院是一个开放和动态的概念，将随着技术发展而不断演变，其建设要求与发展趋势包括：

① 智慧医院包含远程医疗系统、身份识别系统、互联装备、集成互联临床系统、移动客户终端、建筑系统、互联网医疗设备以及数据库等系统、设备和数据库。智慧医院是开放的系统，需要充分考虑远程服务，系统的兼容性和可拓展性，避免信息孤岛。

② 智慧医院仍然是以患者中心，充分考虑智慧终端技术、传感技术、移动 App 和人脸识别技术等应用。

③ 医院的数字孪生系统有助于医院运维的实时监控、快速分析和诊断、快速比较和优化方案、快速决策、快速创新、快速预测、持续改进和知识储备。

④ 智慧医院建设需要顶层设计，需要具有针对性的、清晰的概念，需要分期规划和建设；智慧医院建设应充分了解不同群体的需求，以最终用户的需求和运维导向进行规划和建设。

⑤ 智慧医院的建设程序包括：确定建设目标及对标基准；调研和分析建设需求及技术现状；开展分期规划和方案设计；招标、建设、集成交付及验收；运行及持续改进。

（2）互联网医院需要遵循《互联网诊疗管理办法（试行）》《互联网医院管理办法（试行）》以及《远程医疗服务管理规范（试行）》等规定，其建设要求与发展趋势包括：

① 互联网医院的内涵在不断扩大，将打破传统的医院概念，不仅基地医院，还包括远程诊疗、远程诊断、健康管理和院后服务，还包括医疗保险、医药企业和健康数据开放平台等。

② 互联网诊疗服务范围通常包括：常见病和慢性病患者随访和复诊、家庭医生签约服务等。

③ 互联网医院的前置条件：取得"医疗机构许可证"；有全职专业的服务团队，具有完备的服务质量控制体系；有强大的信息技术能力，包括流畅的视频会诊、远程病例传输、精确分诊、电子处方及有效的信息安全管理措施等。

④ 充分考虑远程会诊、社区双向转诊分级诊疗服务、移动救护及智慧急救等。

⑤ 互联网医院应按照相关法律法规规定建立信息系统，配备信息专业技术人员，按照信息安全技术网络安全等级第三级标准完成定级备案和评测，与卫生健康行政管理平台对接。

⑥ 互联网医院应严格执行信息安全和医疗数据保密的有关法律法规。

7.6.4　绿色医院（可持续医院）建设与发展趋势

（1）绿色医院设计要考虑安全、高效和节能三大目标，有针对性地对提出场地优化与土地合理利用、节能与能源利用、节水与水资源利用、节材与材料资源利用、室内环境质量及运营管理等合理方案，还应关注景观绿化、废物处理、噪声及二氧化碳排放等问题。

（2）绿色医院能够减少长期能源成本，其设计需要和更好的病人诊疗效果以及医护人员关怀相关联。

（3）绿色医院设计需要采用循证设计理念和方法，来提升设计水平和设计效果。

（3）绿色医院可以通过认证来评价和评估医院建筑的绿色水平。

（4）绿色医院需要和管理创新结合起来，例如动态基准、持续改进机制和可持续发展教育等。

（5）可以通过引入智慧建筑及设施运营管理系统和新技术来实现绿色医院的长期高效能运营管理。

7.6.5 医院建设工程项目管理发展趋势

（1）医院项目的复杂性和市场规模越来越大，医院建设将成为一个新的专业领域。

（2）基于循证设计、人工智能、模拟仿真等方法和技术的应用，将极大提升医院建设项目设计自动化及智慧化水平的提升。

（3）基于BIM、虚拟现实、放大现实、5G、大数据及人工智能等新的技术，医院建设工程项目管理将日趋数字化、信息化和智慧化。

（4）特殊用房或终端服务单元的一体化设计、装配式施工、智能化运营将进一步提升，并有助于医院建设质量、运营维护、智慧管理和弹性适应性等水平的提升。

（5）集成项目交付（IPD）将成为一种创新模式，精益建设理念将进一步得到应用。

（6）全生命周期管理将使医院的设计、施工和运营管理更加紧密，医院建设和运营团队将成为一个集成的团队。

附 录

附录 A 医院基本建设典型流程图（推荐型）

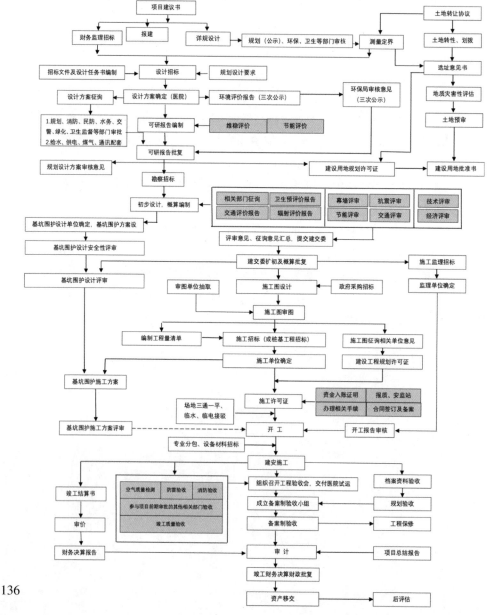

附图 1 医院基本建设典型流程图

136

附录 B　医院建设工程项目管理典型模式（推荐型）

1）上海模式

早在 2001 年 5 月，上海市政府就启动了政府投资工程管理体制改革。按照当时建筑业管理体制改革的精神和市政府对基建项目试行"代建制"管理的要求，上海卫生系统成立了市级医院基本建设的代建管理机构——上海市卫生基建管理中心（下称"卫健中心"）。卫健中心由"上海申康医院发展中心"统一管理，其职能是负责市级公立医院的代建。2002 年 7 月 4 日，经上海市有关部门同意，在卫健中心的基础上又增设了上海申康卫生基建管理有限公司。到 2005 年 5 月，上海申康医院发展中心（下称"申康中心"）正式成立，标志着上海市级公立医疗机构"管办分离"改革工作正式启动。上海市级公立医院建设全过程的建设管理通过项目筹建办来实现，在项目建议书批准后，结合工程项目的具体情况，由申康管理公司和医院共同实施代建。经申康中心批准，由申康管理公司与医院成立联合筹建办，筹建办是医院建设项目的管理机构，负责具体推进实施各个建设项目和执行项目管理工作。从上海市代建制三级管理模式的角度来看，申康中心（申康投资公司）属于上海市代建制三级管理模式中的第二层级——政府所属投资公司；申康管理公司则属于代建制三级管理模式中的第三层级——专业工程管理公司，以代建制管理模式，承担所有上海市市级医院的基本建设项目，行使上海市市级医院基本建设的工程管理职能。

2）深圳模式

在市级医院建设方面，深圳市实行了一套创新的管理体制。2008 年 11 月，深圳市机构编制委员会办公室批复成立深圳市新建市属医院筹备办公室（下称"新筹办"）。新筹办为深圳市卫生健康委直属事业单位，按照市委市政府、市卫生健康委部署要求，开展卫生事业发展规划所列新建市属医院项目的前期工作。前期工作以取得可研批复或投资概算批复为时间节点，前期工作完成后移交至深圳市建筑工务署建设。在施工建设方面，深圳市借鉴了香港等地的做法，成立了深圳市建筑工务署（下称"工务署"），作为深圳市政府直属的正局级事业单位，负责除交通、水务以外的市财政投资的政府工程建设管理职责，对建设工程进行组织实施、协调和监督管理。2014 年 9 月深圳市启动了"医疗卫生三名工程"，新建的市属医院均引进名院名校运营管理，运营主体在前期阶段根据医院定位提出学科发展规划，并配合新筹办对设计任务书、方案设计、医疗工艺流程进行确认，在工程实施阶段参与项目管理并提出可行性意见，在开办阶段进行医疗设备与信息化系统购置及安装调试、规章制度制订、人员引进和开办准备等工作。新筹办、工务署、运营主体三方各自发挥专业优势，有序衔接、高效配合，提高了医院建筑的质量。除了新建医院外，深圳既有医院的改扩建任务也非常繁重，这部分项目的前期策划工作在深圳市卫生健康委的统筹指导下由各医院完成，建设管理工作由市（区）工务署组织实施。

2018 年 7 月，深圳市发展改革委员会发布《深圳市发展和改革委员会关于印发深圳市级政府投资项目市场化代建试点实施方案的通知》，该文件进一步完善了政府投资项目代理建设制度，旨在通过市场化代建切实提高政府投资项目的建设管理水平和投资效益。目前，福田、南山、宝安、龙华等区已有部分医院项目通过市场化代建模式进行建设。

3）北京模式

近年来，在北京市属医院原有建设管理模式基础上，探索推进基建管理模式改革创新，统筹利用现有市属医疗卫生机构基建管理队伍资源，探索构建"单位主责、上下协同；统分结合、共建共管；专业支撑、规范有序"的基建管理新模式，2017 年组建成立了市属医院基建专业技术工作专班，2019 年 1 月成立市医疗卫生基建管理办公室，初步构建形成了市医院管理中心、市医疗卫生基建办、市属医院基建专业技术工作专班和市属医院基建项目管理工作专班共同实施基建项目管理的立体化多元化管理新体系。

（1）市医管中心。履行市政府举办市属医院的职责，负责市属医院基本建设管理工作。在基建管理工作中，具体负责：制订年度工作计划，负责领导协调推进项目建设工作，建立工作推进机制，定期听取项目进展汇报；根据工程建设进展需要，组织召开项目推进调度会，协调解决工程建设过程中的突出问题，督导参建各方优质高效有序推进工程建设，确保项目有序推进、按期完工。

（2）市医疗卫生基建管理办公室。为加强市属医院基建管理工作，抽调各医院基建管理岗位骨干人员组建成立市医疗卫生基建办，充分发挥专业技术优势，协助市医管中心做好市属医院基建管理工作，具体职责：组织、指导并监督市属医疗卫生机构开展基本建设项目的项目任务书、项目意见书、可行性研究报告、医疗工艺、概念设计方案及院区总体规划等前期策划工作，并组织专家对前期策划成果进行评审；组织、指导并监督市属医疗卫生机构做好项目初步设计及概算、施工图设计等工作；组织、指导并监督市属医疗卫生机构依法依规开展招投标工作；指导并监督市属医疗卫生机构做好项目施工组织和管理工作，探索推进集团化项目管理新模式；指导并监督市属医疗卫生机构基建项目财务管理工作，审核市属医院及卫生机构基建项目资金使用计划；指导并监督市属医疗卫生机构基建项目变更洽商工作，审核市属医疗卫生机构建设项目变更洽商申请等。

（3）市属医院基建专业技术工作专班。为了为市属医院基建管理部门提供技术支持，依托市属医院系统内基建管理人员组建了市属医院基建专业技术工作专班，作为市属医院基本建设管理领域的交流、沟通和自治管理的平台和机制，使得市属医院基建管理工作于实际中能够互相交流学习、互相帮助、资源共享，推动基建管理科学化规范化。具体负责：研究拟制医院基本建设管理各专业方向的发展规划、工作计划、管理规范和技术标准等；组织开展本领域工作监督检查及管理评价；组织开展本领域项目评审与技术咨询；参与处置工程安全质量突发事件；组织参与本领域业务培训与交流工作；开展本领域专题调查研究等。

（4）市属医院基建项目工作专班。为加强医院层面的管理能力，从基建、医务、信息、医工和后勤等部门抽调业务骨干组建医院基建项目专班，充分发挥市属医院作为项目建设单位的主体责任，建立全院各部门齐心协力、分工合作的医院建设工作新机制，保障医院建设任务科学落地实施。具体负责：项目建设的所有工作，及时协调、决策和解决工程建设过程中的事项和问题。具体职责为：负责编制项目实施总体规划和实施计划；负责统筹组织协调工程质量、安全、进度和投资等管控工作；负责按照事业发展规划、功能定位规划等要求，组织开展项目建设过程中的前期策划、设计任务书、医疗工艺、功能布局、院区总体规划及概念设计方案等项目建设需求研究提供工作；负责组织实施立项、可研、交评、环评、规划设计、招投标和施工许可等前期手续办理工作；负责组织实施旧房拆除、过渡安置、施工管理和竣工验收等工作。

附录 C　典型医院建设项目投资估算构成（资料型）

附表 1　典型医院建设项目投资估算构成（上海市级医院）

大类	细项	构成
一、工程费用	1. 土建、装饰工程	包括：桩基工程、围护工程、地下室工程（地下室结构、人防、装饰工程）和地上工程（上部结构、二结构、保温、防水、粗装修等、室内精装修工程、外立面装饰、外立面大理石、玻璃幕墙、铝板幕和外墙门窗工程）
	2. 机电设备安装工程	包括：电气工程（强电、弱电配管、变配电工程）、给排水工程（给排水、消防水及喷淋工程、净水工程）、天然气、煤气系统工程、暖通工程（通风空调、VRV 空调、防排烟系统）、蒸汽管道工程和弱电系统（信息设施系统、综合布线系统、计算机网络系统、语言通信系统、广播系统、电话通信系统、卫星及有线电视系统、背景音乐及应急广播系统、多媒体电子会议室系统、多媒体查询系统、呼叫系统、电脑呼叫系统、无线对讲系统、医护对讲系统、排队呼叫系统、安全防范系统、门禁系统、安保、电视监视控制系统、防盗报警系统、车库管理系统、电子巡更系统、消防报警系统、火灾漏电报警系统、建筑能耗监测系统、楼宇设备自动化管理系统、大型电子显示屏系统和远程诊疗门诊系统）
	3. 医疗专项系统工程	包括：净化工程［手术室百级（Ⅰ）、手术室千级（Ⅱ）、手术室万级（Ⅲ）、手术室十万级（Ⅳ）、普通手术室、净化监护病房、层流病房、中心供应、净化静脉配置中心、净化舱、成人骨髓移植舱、血液负压监护舱、器官移植净化舱］、放射屏蔽工程、医疗气体和物流系统等
	4. 政府采购设备	包括：电梯设备及安装、冷水机组、锅炉、热电联供及其他
	5. 室外总体及附属设施工程	包括：绿化、小品、广场、道路、停车场、大门及门卫、围墙、室外管网（给排水、消防管线、电缆、通信系统管线和动力管线）、泛光照明及其他（太阳能装置、机械停车）
	6. 综合配套	包括：高压氧舱、锅炉房、开关站、柴油发电机、污水处理站、液氧站、调压站及其他

续表

大类	细项	构成
二、工程建设其他费用	1. 前期工作费	包括：项目建议书编制、可行性研究报告编制、卫生学预评价、职业病危害评价、职业病危害放射防护评价、日照分析及测量评估、地质灾害危险性评估、环境评价、医用射线环评、X 射线机房放射防护预评价、节能评估、社会稳定性评价、水务专项论证技术咨询（节水方案编制及评估）、水务专项论证技术咨询（排水方案编制及评估）、雷击风险评估合同、交通影响评估、结构抗震评审、结构抗震鉴定、基坑围护设计方案评审、基坑围护施工方案评审、基坑安全性评审、施工相邻房屋完损检测、初步设计评审、控制性详细规划调整、地下连廊对周边建筑施工影响检测、地下管线探测、图书馆安全检测、平面高层控制测量费、空气质量数据、地下水和土壤监测、智能车库技术咨询论证、桩基与隧道间影响复核、幕墙节能方案技术认证、规划放样复验、玻璃幕墙环境影响报告、玻璃幕墙可行性研究技术论证、辐射环境影响评价、城市规划测量（规划道路红线订界）、废气、噪声、污水评价、地下水资源可行性论证、地下空间防汛认证、限高层建筑工程抗震、选址咨询方案评审、勘测定界费、交通组织优化、专项水文地质勘察及基坑降水设计和人防方案优化
	2. 三通一平费	包括：场地内原有管线搬迁、建构筑物拆除等、树木迁移费、施工临时用水、施工临时用电和前期场地费
	3. 人防设施建设费	—
	4. 招标代理费	包括：勘察招标代理、设计招标代理、监理招标代理、施工招标代理、工程量清单编制费、招标控制价编制和招标交易费
	5. 勘察费	
	6. 监理费	包括：施工监理、财务监理
	7. 设计费	包括：工程设计、精装修设计、基坑围护深化设计和其他专业深化设计
	8. 审图费	—
	9. 竣工档案编制费	—
	10. 地铁监护费	—

续表

大类	细项	构成
二、工程建设其他费用	11. 基坑监测费	—
	12. 测绘费	—
	13. 检测费	包括：桩基检测、建筑材料检测(含在建安费内)、材料平行检测(含在监理费内)和防雷击检测
	14. 竣工验收费	包括：竣工验收综合能效评价、环保验收、集中空调通风系统竣工验收卫生学评价、卫生学及职业病控制验收、消防检测、水质检测、节能检测、地下车库检测、地下变电所验收检测、光线空调检测费、空调通风检测、净化空调质量检测、X射线机房竣工验收、放射评价、民防工程档案立卷、民防工程面积测绘、避雷装置检测、防雷检测、人防工程录像拍摄及资料、环境监测、地下人防平战转换应急实施方案、环境及职业危害检测、房屋沉降监测、地下车库检测、辐射环境影响登记表编制、民防通风检测、停车场验收测量及车位测绘、火灾报警等系统检测费和室内空气检测
	15. 市政配套	包括：正式供水配套施工、排水配套施工（监测井等）、供电配套（如有）、增容或多回路供电（如有）、开道口等、燃气增容及施工（如有）、外线工程费及电信配套
	16. 专项基金	—
	17. 土地征用及拆迁补偿费	包括：动拆迁费、房产交易税
	18. 印花税	—
	19. 晒图费	包括：晒图费、购买地图
	20. 停缓建维护费	—
	21. 项目建设管理费	包括：办公费、技术图书资料费、交通差旅费、业务招待费、零星购置费、专家咨询费、施工现场津贴及劳动保护费

续表

大类	细项	构成
二、工程建设其他费用	22. 代建管理费	—
	23. 未计入项目费用	包括：医疗工艺咨询、绿色建筑咨询费、BIM 费用
三、预备费		

附录 D 竣工验收计划示例（资料型）

附表 2 医院建设项目竣工验收计划示例

序号	验收阶段	验收项目	验收需具备的条件	是否属于联审平台报送项目	计划及完成时间	备注
1	预验收	竣工预验收	（1）项目实体工程量全部完成，楼层供电供水供气完成 （2）消防完成调试 （3）弱电完成调试 （4）空调完成调试 （5）电梯安装调试完成	否		
2	正式验收	竣工验收	（1）竣工预验收完成 （2）各施工单位根据监理预验收整改意见全部整改完成	否		
3	竣工测量	±0.00测量	地下结构完成	否		
		结构到顶测量	结构完成			
		规土竣工综合验收测量	室外道路、绿化、路灯及围墙完成			
		绿化竣工面积测量	施工单位绿化景观工程量全部完成			
		民防面积测量	民防结构、设备安装全部完成			
		机动车停车（库）竣工验收测量	机动车停车场（库）施工完成			车位划定
		房屋面积实测				

续表

序号	验收阶段	验收项目	验收需具备的条件	是否属于联审平台报送项目	计划及完成时间	备注
4	分项验收	消防验收	（1）消防专业工程量全部完成 （2）完成消防单系统调试 （3）完成消防联动测试 （4）消防设施检测合格证明文件（消防检测报告） （委托第三方单位制作）	是		消防部门提前单独验收，有独立书面验收证明
5		人防工程验收	（1）民防土建、安装工程量全部完成 （2）民防设施相关设备安装调试完成 （3）民防竣工资料验收通过并已出具"上海市民防建设工程档案验收意见书" ① 需委托民防竣工档案编制单位 ② 需委托第三方进行"民防竣工面积"测绘 ③ 需委托第三方编制"民防设施平战转换方案"	是		民防部门提前单独验收 民防面积测绘、档案编制、方案编制单位确定
6		防雷验收	（1）楼宇屋面避雷带全部安装贯通完成 （2）外幕墙、窗和相关电气、设备接地安装完成 （3）等电位连接完成 （4）建设项目防雷装置安全性能检测报告（可委托上海市防雷中心下属检测单位制作）	是		医院类项目不属于易燃易爆项目，故现在市气象局不验收，联审平台上也非并联验收项目，验收项目中不需勾选，只需在联审平台上预上传文件中，上传防雷检测报告等相关文件即可

续表

序号	验收阶段	验收项目	验收需具备的条件	是否属于联审平台报送项目	计划及完成时间	备注
7		卫生验收	（1）室内集中空调安装调试完成 （2）室内装饰工程完成 3.1 卫生学评价报告（委托第三方单位制作） 3.2 卫生学各项检测报告（委托第三方单位制作） 3.3 如项目有相关辐射类设备，需做职业病危害放射后评估报告（委托第三方单位制作）	是		
8		绿化验收	（1）施工单位绿化景观工程量全部完成 （2）完成绿化面积测绘报告（需委托第三方单位） （3）通过绿化质监站验收，取得绿化验收意见书 （4）再次通过绿化质监站完成绿化验收备案	否		绿化面积测绘报告暂归入规划测绘中
9		交警验收	（1）大门及道路施工完成 （2）完成交通设施和道路标线（需委托第三方制作）	是		施工、测绘报送验收平台，测绘资料制作可考虑打包一起包
10		交通验收	（1）地下车库坡道完成 （2）地下室地坪完成 （3）停车线划线完成，停车位及道路测绘（需委托第三方制作）	是		施工、测绘报送验收平台，测绘资料制作可考虑打包一起包
11		技防验收	（1）弱电布管、布线完成 （2）控制中心设备安装完成 （3）车库管理、电子围栏、门禁及安保系统全部完成 （4）技防设施检测报告［委托第三方（技防办）制作］	否		

续表

序号	验收阶段	验收项目	验收需具备的条件	是否属于联审平台报送项目	计划及完成时间	备注
12		环保试运行 环保验收	(1) 室内装饰及安装完成 (2) 项目如有污水处理池，其实体工程量需全部完成，通过调试 (3) 建设项目的废（污）水纳入管网或委托处理的，应提供相关证明材料 (4) 建设项目产生危险废物的，应提供上海市危险废物管理、固定废弃物应签署有独立合同（项目如属于新建项目，危险废物（转移）计划备案表） (5) 环评批文要求编制应急预案的，应提供应急预案 (6) 需制作环保措施落实情况	否		现环保属于建设单位自行验收，自行进行验收结果。上网公示验收结果。项目如有辐射类设备，也需进行验收并公示
13		绿环市容验收（环卫）	(1) 环境卫生设施全部完成（垃圾房） (2) 环境卫生设施产权属性或移交说明	是		生活垃圾运输协议
14		建造节能专项验收	(1) 室内照明及安装工程完成 (2) 室外幕墙工程完成 (3) 建筑节能效检测报告（需委托第三方检测）	否		
15		电梯验收（技术监督局） 电梯验收（质监站）	(1) 电梯设备安装调试完成 (2) 质量技术监督局下属的检验机构进行特种设备验收 (3) 取得特种设备运营证	否		（质监站验收已取消）
16		锅炉验收（质监站）	(1) 锅炉房土建、内装完成 (2) 锅炉设备安装到位，调试完成 (3) 锅炉高压管道安装完成，试压完成	否		（质监站验收已取消，但需资料审查）

续表

序号	验收阶段	验收项目	验收需具备的条件	是否属于联审平台报送项目	计划及完成时间	备注
17		竣工档案验收	(1) 总分包竣工档案、图完成 (2) 档案公司审核总包及各专业分包资料完成 (3) 档案公司汇总编制完成送档案馆验收 (4) 取得项目档案验收意见书	是		
18		规土验收	(1) 完成规土竣工综合验收测量(委托第三方完成) (2) "不动产权证书"或上海市房地产权证 (3) 土地价款缴纳凭证	是		
19		动物实验验收	(1) 省级实验动物环境设施检测机构出具的检测报告和标出实验动物设施位置的区域平面图 (2) 申领实验动物使用许可证	否		
20	综合完成	综合竣工验收	(1) 平台上显示通过消防验收 (2) 平台上显示通过民防验收,民防竣工案编制也需在市民防办通过 (3) 平台上显示通过绿化市容验收 (4) 平台上显示通过卫生验收 (5) 平台上显示通过交通、交警验收 (6) 平台上显示通过规土验收 (7) 电子竣工图平台通过。 (8) 验收通过后由建设管理部门统一核发《竣工验收备案证书》	是		建设管理部门牵头并组织统一受理规划土地、消防、交警、卫生、绿化市容及气象等专业验收,验收通过后由建设管理部门统一核发"竣工验收备案证书",民防、消防提前单独现场验收

续表

序号	验收阶段	验收项目	验收需具备的条件	是否属于联审平台报送项目	计划及完成时间	备注
21	产证办理	不动产权证书（房产）	（1）不动产权证书（土地） （2）综合验收证明 （3）税收		2020.4.30	

注：因各项验收及权证在审批制度的改革中办理，部分流程存在不可控因素。相关资料和图纸需总包单位和设计单位大力配合。

参考文献

[1] 陈国亮. 综合医院绿色设计 [M]. 上海：同济大学出版社，2018.

[2] 复旦医院后勤管理研究院. 医院后勤院长实用操作手册 [M]. 上海：复旦大学出版社，2014.

[3] 孟建民，韩艳红. 精益规划——深圳医院建设与城市未来 [M]. 江苏：江苏凤凰科学技术出版社，2018.

[4] 皇家特许建造学会. 业主开发与建设项目管理实用指南 [M]. 北京：中国建筑工业出版社，2009.

[5] 黄锡璆. 中国医院建设指南 [M]. 北京：研究出版社，2012.

[6] 上海市建设工程咨询行业协会，同济大学复杂工程管理研究院. 建设工程项目管理服务大纲和指南 [M]. 上海：同济大学出版社，2018.

[7] 沈崇德. 医院智能建设 [M]. 北京：电子工业出版社，2017.

[8] 沈崇德，朱希. 医院建筑医疗工艺设计 [M]. 北京：研究出版社，2018.

[9] 王厚照，张玲，许树根. 医院中心实验室建设指南 [M]. 福建：厦门大学出版社，2017.

[10] 吴锦华，张建忠，乐云. 医院改扩建项目设计、施工和管理 [M]. 同济大学出版社，2015.

[11] 张建忠，朱永松，余雷，等. 医院物理环境安全、规划与建设 [M]. 上海：同济大学出版社，2019.

[12] 张建忠，乐云. 医院建设工程项目管理——政府公共工程管理改革与创新 [M]. 上海：同济大学出版社，2017.

[13] 中华人民共和国国家卫生健康委员会. 大型医用设备配置与使用管理办法（试行）[EB/OL]. http://www.nhc.gov.cn/guihuaxxs/s3585/201806/ca136b2b7b0945ea9df6184e7edd4e53.shtml.

[14] 中国医院协会，同济大学复杂工程管理研究院. 医院建筑信息模型应用指南（2018版）[M]. 上海：同济大学出版社，2018.